분리의 과학

하이테크를 뒷받침하는 분리 · 과학

우에노 게이헤이 지음

조준형 옮김

分離の 科學
ハイテクを支えるセパレーション・サイエンス
B-723 © 上野景平
1988.
日本國・講談社

【지은이 소개】

우에노 게이헤이 上野景平

1920년 구마모토시 출생. 규슈제국대학 공학부 응용화학과 졸업. 동인약화학연구소, 규슈대학 공학부 교수를 거쳐 현재, 구마모토 공업대학 공업화학과 교수. 공학박사.

일본분석화학회 학회상(1968년), 일본화학회 학회상(1978년), 자수포상(1983년) 등을 수상했고, 1985년에는 일본분석화학회 회장을 역임했다.

전문 분석 화학, 착제 화학 분야에 다수 논문, 저서를 집필. 그 중에서도 『킬레이트 적정법』은 장기 판매된 학술서로서 유명하다.

【옮긴이 소개】

조준형 趙駿衡

1957년 경북 포항 출생. 중앙대학교 공과대학 화학공학과 졸업. 일본 나고야대학 공학부 화학공학과 석·박사 과정 수료, 공학박사.

현재 강원대학교 임과대학 제지공학과 교수. 세계여과학회 정회원.

머리말

최근 유전자 조작 기술에 의해, 대장균에 인슐린 등의 유용한 의약품을 생산시키려 하는 연구가 활발히 이루어지고 있다. 이처럼 유전자 기술의 실용화에 있어서 보다 큰 문제는 대장균이 만들어 내는 적은 양의 인슐린을 대량의 배지로부터 순수하고 보다 효율적으로 분리하는 데 있다.

대장균은 목적의 인슐린뿐만 아니라, 각종의 복합 화합물을 생산하며, 그 중에서는 인체에 유해한 성분도 있으므로, 인슐린을 순수하게 분리하는 일은 매우 중요하다. 또한 분리에 시간이 너무 걸려도 곤란하다. 이 기술이 상업적으로 이용되기 위해서는 효율이 높은 분리법이어야 한다. 그 때문에, 예를 들면 여과, 흡착, 액체 크로마토그래피 등 분리 기술의 바탕 아래 인슐린이 분리 정제되어진다.

과장되게 표현하면, 분리 기술의 확립이 없이는 바이오 기술도 사상 누각(砂上樓閣)에 불과하다. 바이오뿐만 아니라 화학 공업(금속 제련, 농약, 의약, 식품 가공을 포함)은 분리 과학의 바탕 아래 이루어졌다고 말해도 과언이 아니다. 원료를 정제하는 것도 분리 작업이며 화학 반응에 의해 생성된 목적물을 부생성물로부터 떼어 내어 제품으로 만드는 것도 분리 작업이다.

이미 미국에서는 『분리 과학과 분리 기술』이라는 전문 학술지가 발행되어 왔으며, 분리 과학은 넓은 의미로 화학의 학문에 있어서 불가결한 한 분야로서 점점 그 중요성이 인식되어지고 있다. 고단사의 의뢰에 응하여 본서를 집필한 것도 전문가 이외의 독자들에게 분리 과학의 중요성을 이해해 주기 바라는 필자의 염원에서이다.

본서에 의해 화학 물질을 분리하는 것이 어떤 의미를 갖는 것인가, 또한 어떤 방법으로 화학 물질이 분리되어지는가 그 일부분이라도 이해를 돕는다면 저자로서 더이상 기쁜 일은 없을 것이다.

1988년 1월

우에노 게이헤이

차 례

Ⅰ. 이야기의 전개

해수로부터 우라늄을 얻음

지금, 시코쿠 가가와(四國香川縣)의 해안(금속광업사업단 니오해수 우라늄회수 기술연구소)에서 광범위한 실험이 행해지고 있다. 해수 중에 3.3ppb(1 t 해수 중에 3.3mg) 정도의 미량이 포함되어 있는 우라늄을 채취하고자 하는 실험이다. 3.3ppb라 하면 이것은 해수 51.5만t을 채울 수 있는 건물 안에 1.5 kg(체적으로 환산하면 단일 건전지 2개분)의 우라늄이 함유되어 있음을 말하며 이와 같은 미량의 우라늄을 채취하는 것은 그리 쉬운 일은 아니다.

해수는 약 3%의 식염(염화나트륨)의 수용액이며, 정밀하게 분석하면, 나트륨 외에 칼륨, 칼슘, 마그네슘 등의 금속 이온, 염화물 이온 외에 황산 이온, 취화물 이온 등 다수의 음이온을 포함하고 있으며, 미량 성분까지 포함한, 지구 상에 존재하는 모든 원소를 포함하고 있다고 말해도 과언이 아니다. 그 중에는 우리가 살기 위해 없어서는 안 될 미네랄 성분(코발트, 아연, 철, 구리 등) 외에 공해 물질로서 악명이 높은 수은과 카드뮴을 포함하고 있다. 물론, 이들 유해 원소는 근년에 와서 공장으로부터 배출되어진 것이라기보다는 오히려 원래 지구 탄생의 당초부터 존재하고 있는 것이다.

표 1에는 해수에 녹아 있는 성분 중에 몇몇을 예를 들어 표시하였다.

이 표에서 나트륨과 우라늄의 농도를 비교하여 보면 해수 중에 나트륨 이온이 3억 개가 녹아 있다고 하면 그 중에 우라늄(정확하게는 우라늄 산화물의 우라닐 이온이다)은 9개가 섞여 있다는 계산이 된다. 예를 들어 말하면, 3억 개의 팥알 중에 9개의 콩알이 섞여 있는 것을 말한다. 간단히 3억 개의 팥알이라 하였지만 그것은 드럼 180통을 가득 채운 양이며, 그 중에 섞여

표 1. 해수 중의 주요 성분
해수 1kg 중에 포함되어 있는 화학 성분의 양

주요 성분

이온	그램	이온	그램
나트륨	10.65	염화물	18.98
칼륨	0.38	취화물	0.065
마그네슘	1.27	유산	2.65
칼슘	0.40	탄산수소	0.14
스트론튬	0.008	붕산	0.026

미량 성분

이온	그램
철	0.00002
구리	0.00001
코발트	0.0000001
아연	0.000014
수은	0.00000003
카드뮴	0.0000001
우라늄	0.0000033
리튬	0.0001

있는 9개 알의 콩을 골라 내는 일이 해수로부터 우라늄을 채취하는 것과 같다.

찾아내는 일은 가능하나 채취해 내는 일은 어렵다

해수뿐만 아니라, 여러 가지의 재료 중에 어떠한 원소가 어느 정도의 농도로서 혼합되어 있는가를 조사하는 학문을 분석 화학이라 말하는데 근년에 있어서의 분석 기기의 진보와 분석 기술

그림 1·1 목적물만을 분류하여 얻어내는 일이 분리

의 발전에 의하여 100만분의 1, 10억분의 1, 더 나아가서 1조분의 1과 같은 미량의 성분을 찾아내는 일은 그리 어려운 일이 아닌게 되었다.

그럼에도 불구하고, 그와 같은 미량의 성분을 채취해 내는 일은 매우 어려운 일이다. 예를 들면, 해수 중의 우라늄 분석법으로서 비색 분석법(보다 정확하게는 흡광 광도법이라 말함)이 있다. 그 원리는 우라늄과 결합하면 적색으로부터 보라색으로 변하는 아르세나조 Ⅲ(arsenazo Ⅲ)라 불리우는 특수한 색소를 사용하여 미량의 우라늄에 의한 변색의 도합을 측정하여, 우라늄 농도를 구하는 일이다. 그렇기 위해서는 우유병 한 컵 정도의 해수가 있으면 우라늄의 분석을 해낼 수가 있다.

그렇지만 해수 중의 우라늄을 적어도 눈에 보일 정도의 양만큼 얻어내는 일은 우라늄의 분석과는 전혀 무관하다. 혼합물 중에서 목적물만을 선택하여 얻어내는 일을 분리라 한다. 분석과

그림 1·2 해수 중의 우라늄 총량은 40억 t

분리는 표리 일체(表裏一體)의 관계라고 생각해도 무방하다.

다시 말해서, 분석에 의해 목적 성분의 존재를 알고 분리에 의해 목적 성분을 구분하여 얻어내는 것이다. 해수 중의 우라늄의 분석은 앞에서 설명한 것과 같지만, 그 우라늄을 분리 채취하는 데에는 어떤 방법이 사용되고 있는 것일까? 일본 시코쿠 지방에서 행해지고 있는 실험에서는 흡착제가 이용되고 있다. 이 흡착제는 활성탄에 티탄 화합물을 결합시킨 것으로 불사의(不思議)한 점으로 우라늄과 성질이 잘 맞으며 해수 중의 나트륨 이온에는 아랑곳하지 않고 나트륨의 3억분의 9 밖에 존재하지 않는 우라늄만을 포착할 수가 있다.

이 활성탄을 채워 놓은 커다란 탱크에 밤낮에 걸쳐 며칠동안 해수를 흐르게 하면 해수 중의 극히 미량의 우라늄이 조금씩 활성탄에 흡착되어진다. 일정량의 해수를 흐르게 한 후 희석된 염산을 가하여 활성탄에 흡착된 우라늄을 용해시킨 다음 몇 단계의 정제 공정을 거쳐 고형물로서 황색의 산화우라늄이 얻어지게 된다.

해수를 활성탄으로 채운 탱크에 보내기 위해서 펌프를 작동시키기 위한 전력과 그 이후의 정제 공정에서 소비되는 에너지, 그 외의 단가를 생각할 때 이러한 노력을 하여 해수로부터 우라늄을 채취하면 채산이 맞는가 어떠한가에는 커다란 의문이 남게 되는데, 육상(陸上)의 우라늄 자원이 점차로 고갈되어져 우라늄의 국제 자격이 상승하게 되면 해수 우라늄의 채취 사업도 현실성을 띠게 될 것이다. 하여튼 미량이지만 해수의 전량이 1.3×10^{18} t(10^{18}은 10억의 10억배)이라 하는 방대한 양이므로 해수 중의 우라늄 총량은 40억t이라는 커다란 숫자가 되며 결코 간단히 보고 지나칠 자원은 아니다. 우라늄에 한해서가 아니라 해수는 숨겨진 자원이라 불리운다. 그 이유는 미량이지만 여러 가지의 귀중한 금속이 해수에 포함되어 있으며 해수 전량으로부터 계산하면 각각의 총량은 방대한 양이 되기 때문이다. 만약, 유효한 분리 기술이 확립되면 해수는 일약 중요한 광물 자원으로 변신하게 된다.

근래의 분리 기술

해수의 주성분인 식염(염화나트륨)을 분리, 채취하는 기술은 이미 유사 이래 확립되어 있으며 일본에 있어서도 옛부터는 이리하마(入浜)식 제염법, 1940년대 후반에서 1950년대 초반에는 유하(流下)식 제염법, 특히 근년에 와서는 이온 교환막 제염법으로서 발전되어 왔다. 이리하마식 또는 유하식은 모두가 태양에너지를 이용하여 해수의 수분을 증발시켜 농축 해수를 만든

다음 식염 결정을 얻어내는 분리 기술이다.

여기에 대해 현재 행해지고 있는 이온 교환막법은 이온 교환막이라 불리우는 분리막을 사용하여 전기 분해법에 의해 해수 중의 식염을 분리 농축하는 방법으로서 고순도의 식염이 생산되어진다. 염전과 같이 넓은 공간을 필요로 하지 않고 또한 날씨에 좌우되지 않으며 약간의 전력을 이용하면 좋은 식염이 만들어지므로 국토가 좁은 일본에 있어서는 특히 적합한 분리 기술이다.

이처럼 분리 기술이라 불리우는 것은 돌이켜 보면 우리들 가까운 곳에서 상당히 응용되어지고 있는 것을 알 수 있다.

예를 들면, 채석장에서는 암석을 발파하여 부수고 이것을 분쇄기로 잘게 부순 뒤, 최후에 체(篩)에 의해 대, 중, 소의 채석으로 분리한다. 이것은 체분리라 불리우는 가장 간단한 분리 조작이다.

또다른 예로는, 최근 칼륨의 금속이 주목을 받고 있다. 예를 들면, 칼륨-비소의 화합물은 반도체로서 실리콘이 없는 장점을 갖고 있으며, 수요가 점점 증가하고 있다. 그러한 자원으로서 주목을 받고 있는 것이 알루미늄 제련에 있어서의 보크사이트를 바이어(Bayer)법에 의해 처리한 폐액 중의 칼륨이다. 이 폐액 중의 칼륨 농도는 수십ppm의 미량이다. 이 폐액으로부터 칼륨을 분리, 채취하기 위해서는 복잡한 화학 공정이 필요하며, 이미 그 분리 기술이 확립되어 있다.

그리고 화농성 환자의 특효약으로서 유명한 페니실린은 일종의 푸른곰팡이가 생산하는 물질이며, 푸른곰팡이의 배양기로부터 순수한 페니실린을 채취하기 위해서는 흡착법, 크로마토법 등의 매우 복잡한 분리 조작을 필요로 한다.

불순물의 제거

분리에는 이처럼 복잡한 혼합물로부터 순수한 목적물만을 얻는 것 외에, 이미 얻어진 목적물 중에 포함되어 있는 매우 적은 양의 불순물의 제거를 목적으로 하는 분리도 있다.

예를 들어, IC 제조에 있어서의 실리콘은 99.99…%의 소수점 이하의 9 숫자가 9~10개가 배열될 정도의 초고순도이다. 99% 정도의 조제 실리콘으로부터 불순물을 분리하여, 위에서 설명한 것처럼 초고순도 실리콘을 만들어 내는 것도 반도체 산업에 요구되는 분리 기술이다.

동일한 것으로는 광통신용의 광섬유에 있어서도 말할 수 있다. 광통신용에는 직경 0.1mm 정도의 투명한 석영사(石英絲)가 이용되고 있는데 이 광섬유의 내부를 빛이 1km를 달려서 처음의 빛 96%가 전달될 정도의 투명도가 높은 석영이 사용되고 있다. 이같은 투명한 석영을 만드는 데에는 매우 높은 순도의 원료를 사용하지 않으면 안되며, 천연의 석영을 원료로 복잡한 공정을 거쳐 미량의 불순물이 분리되어 광섬유용 석영이 만들어지는 것이다.

또 하나의 예를 들면 초순수(超純水)의 제조가 있다. IC 제조 공정에서는 세정용으로 방대한 양의 초순수가 사용되고 있다. IC 제조 공장의 입지 조건으로는 청결한 공기, 깨끗한 물이 요구되는 것도 그 때문이다.

예전에는 순수한 물이라고 하면 증류수를 칭하며 구리나 스테인리스의 솥을 사용해 증류하여 제조하였다. 그러나 IC 제조 공정에서는 그 정도의 순수한 물로서는 전혀 사용할 수가 없다. 불순물 양은 10조분의 1 이하로 하지 않으면 안되며 또한, 0.1μm 이상의 부유물도 제로로 하지않으면 안된다. 그럼에도 불구하고 보통의 물과 같이 사용되고 있으므로 대량이 필요하다.

그 때문에 초순수는 현재에 있어 집합된 첨단 기술에 의해 제조되고 있다. 이온 교환 수지 및 역침투막에 의한 이온질의 제거, 활성탄에 의한 미량 유기물의 제거, 막여과에 의한 미세 부유물 제거 등의 공정을 조합시켜 1일 수십t의 초순수를 만들어 낸다. 최첨단의 분리 기술에 의해 처음으로 이룩된 것이다.

이상으로, 몇 개의 실례를 들어 설명한 것과 같이 여러 가지의 분리 기술이 연구되어지고 있으며 실용 기술로서 확립된 분리법에는 그 대상물에 대해 여러 가지의 원리에 기초한 분리 조작이 사용되어지고 있다. 분리법의 장·단점이 그 제조 기술에 있어 성공과 실패의 열쇠가 된 예는 일일이 셀 수가 없다.

석유 정제업은 분리 기술에 의존하고 있는 대표적인 예다. 원유로부터 증류법과 추출법을 조합시켜 휘발유, 등유, 나프타, 중유 등 각종의 석유 제품을 분리 정제하고 있다. 이 때에 보다 효율이 좋은 증류 장치 및 추출 장치를 개발하는 것이 성공의 열쇠이며 과거 수십 년, 증류 공학은 석유 산업에 의해 발전되어 왔다고 해도 과언이 아니다.

분리 기술은 대상물의 형태에 의해 여러 종류가 있다. 먼저, 균일한 혼합물을 분류하는 경우와 불균일한 혼합물을 분류하는 경우를 따로 생각하여 보자. 물론, 불균일한 혼합물의 경우가 분리도 간단하다. 불균일한 혼합물이라 해도 고체, 액체, 기체의 조합으로서 여러 가지 경우가 생각되어지므로 차례로 예를 들어 보자.

불균일한 혼합물의 분리

1. 고체와 고체의 혼합물

예를 들어, 크고 작은 각종의 쇄석(碎石) 혼합물을 크기에 따라 분리하기 위해 쇄석장(碎石場)에서는 체를 이용한다. 또한,

그림 1·3 모래 하천에서 사금을 분리하는 것은 비중의 차를 이용

농가에서 쌀과 쌀겨를 분류하기 위해서는 풍력을 이용하고 있다. 쌀겨는 가볍고, 바람에 날려 나중에 쌀만 남는다. 이것은 비중의 차를 이용한 것이다.

하천의 모래로부터 사금(砂金)을 분리하는 것도 비중의 차를 이용한다. 하천의 모래를 물과 함께 물받이에 흐르게 하면 모래는 사금에 비해서 비중이 작기 때문에 멀리까지 흘러가나, 무거운 사금은 별로 흘러가지 않는다. 이와 같이 하여 사금을 모은다.

한편, 모래로부터 사철(砂鐵)을 분리하는 데는 자력(磁力)이 이용된다. 사철만 자석에 붙어 모래에서 분리되어진다. 어떠한 경우에도 기계적인 방법에 의한 분리가 가능하다.

2. 고체와 액체의 혼합물

하천의 물이 탁해 보이는 것은 물 안에 흙의 미립자가 부유하고 있기 때문이다. 수도의 정수장에서는, 물과 섞여 있는 부유물을 분리하기 위해 풀(pool)과 같은 커다란 수조(水槽)에 모래를 깔고, 이 모래층을 통과하는 동안 이 미립자를 걸러낸다. 다시 말하여 여과에 의한 분리이다.

3. 고체와 기체의 혼합물

방안에도 눈에 보이지 않는 먼지가 떠다니고 있다. 이것은 방안에 들어온 햇빛에 의해 먼지가 반짝반짝 빛나는 것을 보아도 알 수가 있는 것이다. 방안에 설치된 에어컨의 필터를 떼어 보면 놀랄 정도의 먼지가 필터에 붙어 있다. 이만큼의 먼지가 방안의 공기로부터 에어필터에 의해 여과 분리되어진 것이다.

4. 액체와 액체의 혼합물

알코올을 물로 희석시키면 알코올과 물은 균일하게 혼합한다. 기계적인 분리는 불가능하다. 이같은 균일한 혼합물의 분리에 대해서는 뒤에 생각하기로 하고, 불균일한 혼합물의 예로서 물과 기름의 혼합물에 대해 생각해 보기로 하자.

휘발유와 물은 섞이지 않으며, 휘발유는 물보다 가볍기 때문에 이들을 혼합시켜도 잠시 후면 2층으로 분리되어 상층이 휘발유, 하층은 물이 된다. 그러므로 2층으로 분리되는 액체는 간단히 분리가 가능하다.

5. 기체와 액체의 혼합물

안개는 작은 물방울을 포함한 공기이다. 물방울의 입자가 작기 때문에 보통의 에어필터로서 분리는 안되나, 사이클론 등의 원심력을 이용한 분리기로 무거운 물방울만을 흔들어 날려 보내 기계적인 분리가 가능하다. 그 외에 균일한 혼합물은 고체, 액체, 기체 어떠한 경우에도 분리가 간단하지는 않다.

다음에는, 현재 연구되고 있거나 실용화되고 있는 분리 기술을 분리 원리에 따라 분류 및 해설을 해 나가고자 한다.

Ⅱ. 크기의 차이를 이용한 분리

a. 여과

차 잎사귀를 찻주전자에 넣고, 뜨거운 물을 부은 다음, 차를 따르게 되면, 차 잎사귀는 찻주전자의 망에 걸리게 되며 찻물만 나온다. 같은 주전자에 원두 커피를 넣은 다음, 커피잔에 따르면 커피와 함께 커피 열매 가루가 섞여 있는 것을 볼 수 있다. 이것은 말할 것도 없이 주전자 망의 구멍 크기에 비해서 차 잎사귀는 충분히 크기 때문에 망에 걸리나, 커피 열매 가루는 망의 구멍 크기보다 작기 때문에 망을 쉽게 통과한다.

이같이 액체 중에 부유하고 있는 고체 입자를 분리하는 것을 여과라고 말하며 고체 입자의 크기가 작아짐에 따라 여과에 의해 액체로부터 고체를 분리하는 것은 어려움이 따른다. 다시 말하여, 차 잎사귀의 여과는 주전자의 망으로 충분하였으나 커피의 여과는 린네르 주머니 또는 여지(濾紙)와 같이 보다 구멍이 작은 재료를 사용하지 않으면 안된다.

액체 중의 고체 입자를 여과에 의해 분리하는 일은 위에서 설명한 것과 같이 우리들 주위에서도 자주 눈에 띄며, 입자의 종류는 천차 만별로서 눈에 보일 정도 크기의 입자이면, 여지를 사용하여 간단히 분리할 수가 있다.

입자의 크기가 0.03mm 이하이면, 눈으로 개개의 입자를 분별하는 것은 불가능하며, 대체로 전체가 탁하게 보일 정도이다. 예를 들어, 효모 및 대장균의 미생물은 1㎛(1mm의 1000분의 1) 정도의 크기로서 광학 현미경을 사용하여 처음으로 그의 존재를 확인할 수가 있다. 그리고 이들의 미생물을 분류하는 데 있어 여지는 불충분하며 보다 치밀한 막여과(membrane filter) 등을 사용하지 않으면 안된다. 바이러스는 대장균 등 보다 작은 입자로서 크기는 0.01㎛ 정도이며 한외 현미경 및 전자

그림 2·1 주전자에 커피를 넣으면…….

현미경을 사용하지 않으면 볼 수가 없다(한외 현미경이라는 것은 특수한 조명 장치에 의해 보통 현미경으로는 식별이 불가능한 미립자의 존재를 확인할 수 있는 현미경이다). 또한, 바이러스를 분리하는 데 있어서도 투석 또는 한외 여과라 불리는 특별한 분리법에 의하지 않으면 안된다.

한편, 입자라기 보다 분자라할 수 있는 수준에 이르게 되면 그 크기는 nm(10^{-9}m)가 되며, 한외 여과 또는 역침투 등의 분리법으로서 분리하지 않으면 안된다. 그림 2·2에 여과의 대상인 대표적인 입자에 대해서 대체적인 크기를 나타내었다. 당연한 일이나, 분리의 대상이 되는 입자 크기에 따라 여과 재료를 선택하지 않으면 안된다. 다음에는 입자 크기의 순서에 따라 각각의 여과법을 설명하기로 한다.

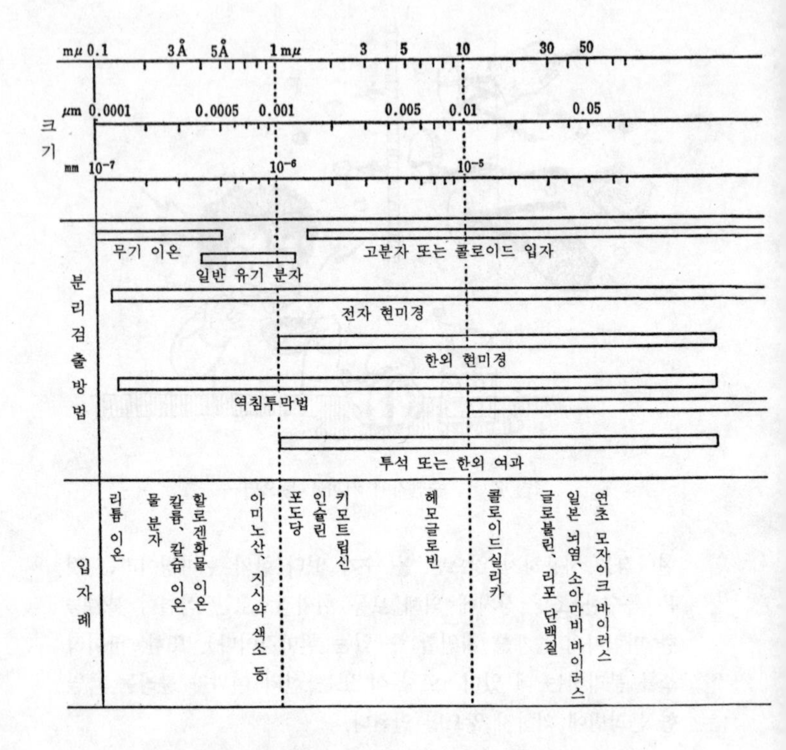

그림 2·2 입자의 크기와 대응하는 여과법

b. 여지, 여포에 의한 여과

눈에 보일 정도 크기의 입자를 액체, 또는 기체로부터 분리하는 데 보다 일반적인 방법은, 천 또는 종이를 이용하는 여과이다.

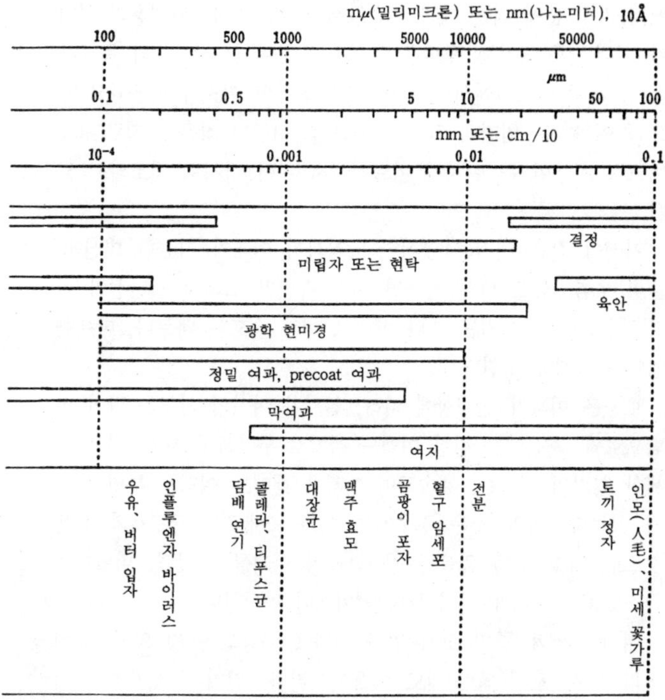

mμ(밀리미크론) 또는 nm(나노미터), 10Å
100 500 1000 5000 10000 50000
μm
0.1 0.5 5 10 50 100
mm 또는 cm/10
10^{-4} 0.001 0.01 0.1
결정
미립자 또는 현탁
육안
광학 현미경
정밀 여과, precoat 여과
막여과
여지
우유, 버터 입자
인플루엔자 바이러스
담배 연기
콜레라, 티푸스균
대장균
맥주 효모
곰팡이 포자
혈구 암세포
전분
토끼 정자
인모(人毛), 미세 꽃가루

예를 들어, 술을 술 찌꺼기로부터, 간장을 간장 찌꺼기로부터 분리하는 데는 포대(布袋)가 사용되어진다. 술, 간장을 충분히 짜 내기 위해 프레스로 압력을 가하기 때문에, 그 압력에 견디기 위해서는 튼튼한 목면 자루를 사용한다.

화학 공장에서도, 여러 공정에 여과가 필요하며, 약품에 견디는 여포로서 나일론 및 폴리에스테르의 여포가 사용된다. 가정에서 자주 눈에 띄는 여과 재료로서는 걸러 먹는 커피용의 여지가 있다. 이 여지는 정제한 펄프로 만들어졌으며, 물의 통과가 좋다. 화학 실험실에서도 이와 같은 종류의 여지가 사용되고 있으나 여과하는 입자의 크기에 따라서, 기공이 작은 여지로부터, 비교적 기공이 큰 여지에 이르기까지 여러 가지로 제조되고 있다.

기공이 작은 여지는 미세한 입자까지 여과가 가능한 대신에, 물의 흐름 속도, 다시 말하면 여과 속도가 느려지는 단점이 있다. 기공이 큰 여지는 그와 반대로 여과 속도는 빠르나, 미세한 입자는 통과해 버린다.

보통은 여과가 진행함에 따라, 입자가 여지의 기공을 막아 버림으로써, 처음에는 탁한 여액도 점차로 투명하여 지며, 매우 미세한 입자의 경우는, 계속하여 여과를 행해도 여액은 투명해 지지 않는다. 이와 같은 경우에는 여과 조제로서 규조토와 같은 것으로 여지 위에 얇은 층을 만들어 여과를 행하면, 미립자는 규조토층에 걸리게 되어 투명한 여액이 얻어진다.

여지는 액체 중의 고체 입자 여과에 이용되는 것 외에, 공기 중의 먼지 포집(捕集)에도 이용되어진다. 전기 청소기의 집진 백 등은 그 대표적 예이다. 에어컨의 공기 흡입구에도 발포 우레탄의 여과판이 설치되어 있다.

화학 실험실에서도 이와 같은 종류의 여지는 자주 사용되고 있다. 예를 들어, 화학 실험의 일반적인 용도에 1종~4종의 여지 규격이 JIS(일본 표준 규격)로 정해져 있으며, 큰 침전 입자의 여과에는, 비교적 여지의 기공이 크고 여과 속도가 빠른 1종이 사용되며, 침전 입자가 작아짐에 따라 2, 3, 4종의 기공이 작은 여지를 사용한다. 그로 인해 여과 속도도 늦어진다. 그리고 공기 중의 부유 먼지의 포집에는, 2종의 여지가 적합하다.

또한, 화학 분석의 한가지 방법으로서 중량 분석법이 있다. 이것은 침전을 세분화하여, 이것을 여지마다 강렬히 태운 뒤 그 중량을 천평으로 측정하여 침전량을 구하고자 하는 방법이다. 여기에 사용되는 여지는 태운 뒤에 회분이 남지 않는 것을 사용하여야 한다. 보통의 여지는 정제한 셀룰로오스 펄프를 원료로 만들어졌으나 태워 보면 약간의 회분이 남는다. JIS에서는 회분이 0.2% 이하로 정해져 있으나, 여지를 염산 및 불화수소산으로 처리하면 회분을 0.01% 이하로 할 수가 있다. 이같은 여지는 정량 분석용 무회 여지로서, JIS에 규정되어 있다(JIS 5종, 6종).

시간을 빠르게 하기 위해서는

여과하는 액체가 별로 많지 않은 경우, 또한 많으나 여과에 시간이 걸려도 상관이 없는 경우에는 자연 여과법에 의한다. 자연 여과란 그림 2·3 (a)에 표시한 것처럼, 물이 여지를 중력에 의해 통과하는 방법이다. 자연 여과는 장치가 간단하고, 동력을 필요로 하지 않는 장점은 있으나, 여과 속도가 느리다. 특히, 여지 위의 침전량이 많을수록, 여액의 통과가 나쁘게 된다. 그리고 침전 입자가 미세할수록 여액의 흐름이 나빠진다. 이같은 경우에는 감압 여과, 또는 가압 여과가 편리하다.

실험실에서 사용되고 있는 감압 여과 장치는 그림 2·3 (b)와 같으며, 여과병 안의 공기를 펌프에 의해 진공시키면, 침전을 포함한 용액은 대기압에 의해 여지 위에서 여액만 여지를 통과하여 여과병으로 흐르게 된다. 이같은 로드를 감압 로드라 한다.

그리고 가압 여과에는 그림 2·3 (c)와 같은 장치를 이용한다. 내압성의 용기 안에 펌프로 용액을 직접 압입(壓入)하든가 또는, 먼저 용액을 주입한 후, 그 위에서부터 공기를 압입하여

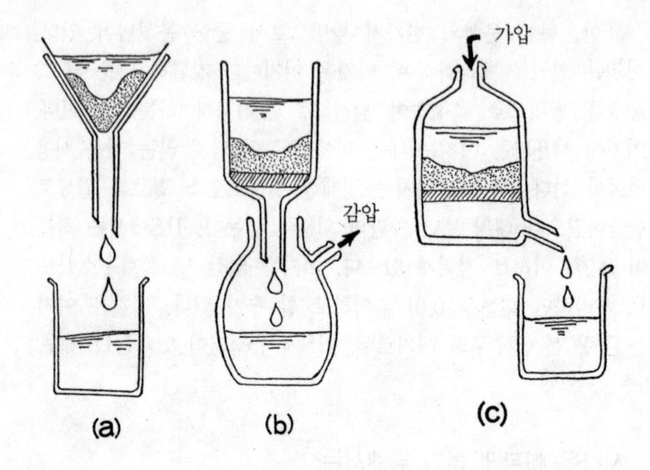

그림 2·3 (a) 자연 여과, (b) 감압 여과, (c) 가압 여과

가압한다.

감압 여과에서는 최고 1기압까지 밖에 압력을 가할 수 없으나 가압 여과에서는 수기압의 압력을 가할 수가 있다. 그러나 장치 자체는 감압 여과 장치가 가압 여과 장치에 비해서 간단하다. 화학 공장에서의 고형물 침전의 여과에는 필터 프레스(filter press)라 불리우는 가압 여과 장치가 자주 사용되고 있다.

여지에 의한 여과의 대상이 되는 5μm 이상의 크기 입자 여과에는 여지 이외에, 유리 여과판도 사용되고 있다. 이것은 유리 분말을 반용융 상태에서 판상태로 소성(燒成)시킨 것으로, 내약품성이 높은 특징이 있다. 미세 입자의 유리 분말을 소성시키면, 세공이 작은 유리 여과판이 만들어지며, 굵은 입자의 유리 분말로부터는 세공이 큰 여과판이 만들어진다. 통상, 세공 크기에 따라 G1(100~200μm), G2(40~50μm), G3(20~30μm), G4

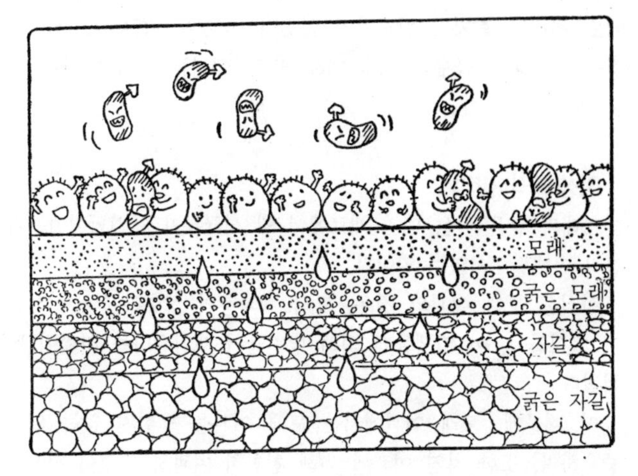

그림 2·4 상수도의 정수장 및 폐수 처리장 등에서 이용되고 있는 모래 여과

(5~10μm)로 구별되어진다.

또한, 유리 섬유 및 실리카 섬유를 원료로 한 여지도 만들어지고 있다. 이러한 여지는 내약품성이 우수하며, 입자의 보존력, 여과 속도, 세공 크기의 유지, 난흡착성 등의 점에서, 통상의 여지와 비교할 때 매우 효과적이다.

상수도의 정수장 및 폐수 처리장에서 이용되고 있는 모래 여과도 여지의 변형이라 생각할 수 있다. 풀과 같은 커다란 수조에 매우 작은 모래알로 층을 쌓아, 위에서 밑으로 물을 흘려 보내면 수중의 부유물이 모래층에서 세밀하게 분류되어진다.

하천의 물을 모래 여과에 의해 상수도로 이용하는 방법은 이미 1890년대부터 유럽에서 행하여졌다. 1893년, 엘베 강의 물을 상수도로 사용한 독일 함부르크에 콜레라가 유행하였으나, 같은 엘베 강에서, 함부르크보다 하류에서 급수한 알토나에서는 뜻밖에도 콜레라 환자가 발생하지 않았다. 이것은, 함부르크에서는 강물을 그대로 급수한 것에 대해 알토나에서는 모래 여과한 물을 급수하였기 때문이다.

미생물의 활약

모래와 같은 굵은 여과 재료에서 왜 세균류가 제거되어지는가! 전혀 이해할 수 없는 일이다.

사실은 모래 여과의 경우, 모래 여과층의 상층부에는 미생물이 번식하여, 이 미생물에 의해 병원균이 제거된다는 사실이 밝혀졌다.

이 때문에, 모래 여과에서는 모래 여과층을 섞지 않는 일이 중요하며, 또한 자연 여과에 의해 천천히 여과하는 것이 필요하다. 전문 용어로는 완속 모래 여과법이라 하며, 상수도용에는 풀을 수십 기 정도 모아 놓은 광대한 여과지가 필요하다.

여과층은 위쪽으로부터 가는 모래, 굵은 모래, 자갈, 굵은 자갈 순으로 되어 있으며, 최상층의 가는 모래층은 약 70cm, 전체는 약 1m 두께로 되어 있다.

원수(原水) 중에 여러 현탁물이 섞여 있어 이것에 의해 여과층의 상층부가 막힘에 따라 상층부의 오물과 모래와의 혼합물을 모아 새로운 모래와 교환한다.

이 완속 모래 여과법은 약품도 사용하지 않고 동력도 별로 필요치 않은 반면에 물맛이 좋은 장점이 있으나 광대한 여과지가 필요하기 때문에, 현재는 작은 여과지에서 처리 가능한 급속 여과법을 채용하고 있는 상수도가 증가됐다.

급속 여과법에는, 여과지에 원수가 유입하기 전에 수처리제로서 황산알루미늄을 가한 후 혼합시키면, 가벼운 침전이 생겨, 이 침전에 물 중의 오물 입자 및 미생물이 흡착되어진다.

모래 여과층의 구조는 완속 여과의 경우와 같지만, 침전을 미리 제거한 위의 징액(澄液)을 여과하기 때문에, 여과 속도가 빠르고, 완속 모래여과지의 30분의 1 면적의 여과지에서 같은 양의 물을 처리할 수 있다고 말하고 있다.

c. 막여과

여지는 천연 펄프를 서로 얽혀 만든 여과 재료이므로, 부유물을 세밀하게 분류할 수 있는 여지의 세공 형태 및 그 크기는 일정하지 않다. 여포의 경우는 직물이며, 그 세공은 여지와 비교하면 비교적 일정한 균일의 크기이나, 엄밀하게는 일정하지 않다.

또한 어떠한 경우에도 아주 조밀한 여지, 여포라도 세균과 같은 작은 입자까지 세밀히 분리하는 것은 매우 곤란하다.

이전에는 세균까지 분리하기 위해서는 세공이 매우 작은 소성여과판이 사용되었으나, 역시 세공의 형태를 일정하게 하는 것은 곤란하였고 그리고 여과 속도가 매우 늦다는 단점이 있었다.

막여과는, 이같은 필요성이 부응하여 개발된 것으로써, 그림 2·5에 나타낸 것처럼 두께 0.1~0.2mm의 플라스틱 박막(薄膜)에, 매우 작은 일정 크기의 세공이 수없이 존재하고 있는 것이다. 막여과는 막이 얇으며, 세공의 크기가 일정하고, 면적과 비교할 때 세공수가 많기 때문에 여액 흐름이 빠름과 동시에, 세공 직경보다 큰 입자의 포착률(捕捉率)이 100%인 점 등 많은 특징을 갖고 있다.

그 때문에, IC 제조 공정에 사용되고 있는 초순수 등도, 그 안에 미세한 부유 입자를 제거하기 위해 막여과로 여과하는 것이 보통이다.

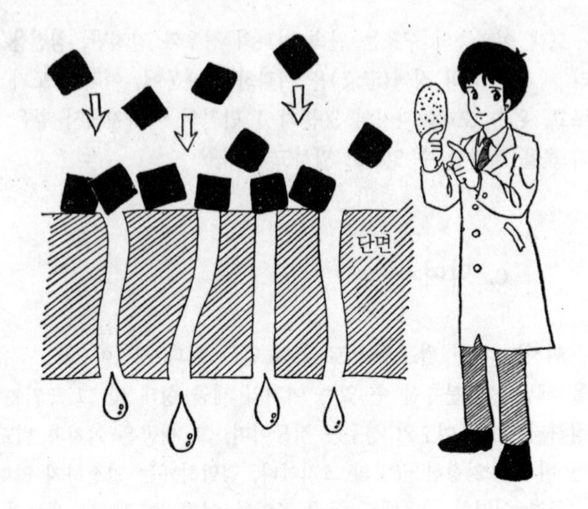

그림 2·5 막여과

또한, 하천수 및 공장 폐수 등의 탁함은, 물 중에 부유하고 있는 고체 미립자에 의한 것이며, 수질 오염의 정도를 규정하는 항목의 하나로 부유 물질(SS. Suspended Solid)이라는 항목이 있다. 이것은, 직경 1μm 이상의 고체 입자가 물 1l 중에 몇 mg이 함유되어 있는가로 나타내어 진다. 이 SS 측정에는 세공 직경 1μm의 막여과가 사용되어지며, 1l의 물을 여과한 후, 미립자가 걸러진 상태의 막을 건조하여, 그 중량으로부터 SS를 구하는 것이다.

시판하고 있는 막여과의 세공 크기는, 큰 것은 8μm에서 작은 것은 0.01μm까지 각 단계의 막이 만들어지고 있으며, 각각의 세공 크기가 매우 균일하기 때문에, 세공 직경보다 큰 입자는 100% 포착되어진다.

그리고 여과 면적의 약 75%가 세공으로 구성되어 있을 정도

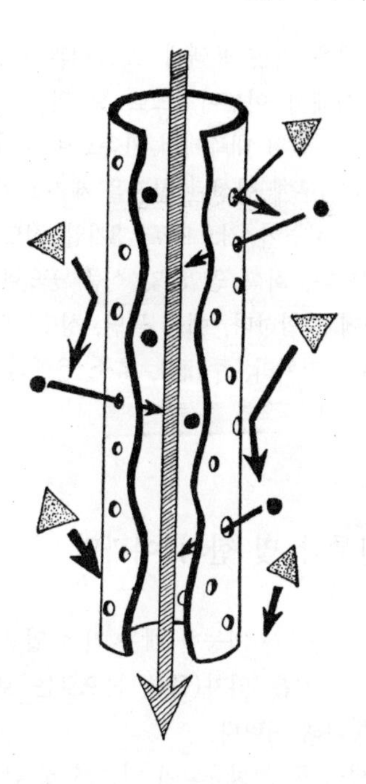

그림 2·6 초정밀 여과막. 균질한 다공성막의 중공사

로 공공률(空孔率)이 높기 때문에, 같은 세공 직경의 소성 여과기 등에 비해 훨씬 여과 속도가 크며, 여과에 관한 큰 압력도 필요로 하지 않는다.

막여과의 세공 직경 0.01~0.2μm 영역에서는, 초정밀 여과막도 개발되었다. 이것은 외경 800μm, 내경 400μm의 마카로니를 조밀하게 한 형태의 실로써 막은 두께 200μm의 균질한 다공성막(폴리비닐 알코올)이다. 중공사(中空絲)이므로, 수백 본을 묶어 콤팩트한 여과기로 만들 수가 있다.

부유 물질이 매우 많은 용액에서도, 여과는 중공사의 외측으로부터 내측을 향해서 이루어지므로 실 안에 침전이 생성되지 않는다. 또한, 가끔 실의 내측에서 외측으로 공기를 주입시켜 세척함으로써 실의 외부에 형성된 침전을 제거할 수가 있다.

여과막의 세공 직경이 작으므로, 3기압 정도의 가압 여과를 하지 않으면 안되나, 화학 공업 및 식품 공업에서의 대량 용액의 초정밀 여과에 적합하다. 예를 들면, 상수도의 세균 제거, 초순수 제조에 따른 전처리, 주(酒), 효소 용액의 정제 등에 응용되고 있다.

d. 반투막 및 한외 여과막

막여과에 의해 분리가 가능한 매우 작은 입자는 0.01㎛ 크기까지이며, 이보다 작은 입자(물론 눈으로는 보이지 않지만)는 막여과에서도 통과해 버린다.

예를 들어, 혈액 중에 함유되어 있는 혈청 단백질, 적혈구, 효소 등의 소위 생체 고분자 화합물은 0.001㎛ 정도의 크기이며, 막여과로서는 분리가 불가능하다. 이들 화합물을 아미노산, 포도당, 식염 등과 같이 보다 작은 분자를 분리하기 위해서는, 아주 세공이 작은 여과 재료를 필요로 한다.

여기에서, 예전에는 소의 방광막 및 물고기의 부레가 사용되었다. 예를 들면 효소와 같은 고분자 화합물과 무기 염의 혼합물로부터 무기 염만을 분리하기 위해서는 이 혼합물의 수용액을 방광막 안에 주입한 후, 흐르는 물 안에 넣어 두면 무기 염만 방광막을 침투하여 막 외측의 물 안으로 방출된다.

한편, 효소 분자는 크기 때문에, 막을 통과하지 못하여 막 내

그림 2·7 옛날에는 생체 고분자 화합물의 분리에는 소의 방광막 등을 사용하였다.

에 남게 된다. 이 조작을 1~2주야로 계속함에 의해 막 내의 무기 염은 거의 전부 막 밖으로 나가 버린다.

이와 같은 분리법을 투석(透析)이라 말하며, 방광막과 같이 큰분자(고분자 화합물)는 통과시키지 않고 작은 분자(저분자 화합물)만 통과시키는 막을 반투막 또는 투석막이라 한다.

동물로부터 채취한 천연 반투막은 균일한 품질을 얻기 어려우므로 최근에는 물질이 일정한 셀로판막이 이용되고 있다. 예를 들어, 현재 투석용으로 만들어진 셀로판막의 한 예로는, 세공의 평균 직경은 0.0024㎛이며 분자량 약 1만의 리보뉴클레아제(ribonuclease) A라는 효소(0.0019㎛)는 통과하나, 약간 큰 키모트립신(chymotrypsin)(0.0024㎛)은 통과하지 않는다.

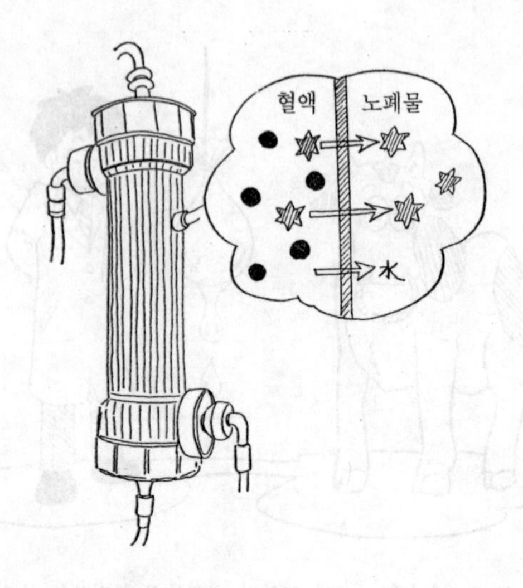

그림 2·8 인공 투석도 반투막을 경계로 행하는 분리

인공 투석도 반투막을 이용

신부전(腎不全) 환자가 받고 있는 인공 투석도 이 반투막을 이용한 것이다. 신장의 주기능은 혈액 중의 노폐물 및 수분을 오줌으로 배출하는 일이다. 사람의 신장은 주먹만하며, 그 안에 네프론이라는 혈액 여과 장치가 100만 개 정도 밀집해 있다. 네프론은 사구체(絲毬體)와 세뇨관(細尿管)으로 구성되어 있으며, 네프론 안에는 신장으로 흘러 들어온 혈액으로부터 불필요하다고 생각되는 물질을 전부 사구체 기관에서 걸러지며, 여과된 오줌이 세뇨관을 통과하는 동안 필요한 성분이 재흡수되어진다. 오줌으로서 배출되는 것으로는 수분 외에 요소, 무기 성분 등 비교적 작은 분자이며, 혈액 주성분인 혈청 단백질, 적혈구 백혈구, 효소 등의 고분자 화합물은 뇨(尿)로서는 배출되지 않는다.

인공 투석에서는 반투막을 경계로 하여 혈액과 투석액을 흐르게 하면, 작은 분자인 요소, 무기질, 수분만이 막을 통과하여 투석액에 배출된다.

인공 투석이 실용화되어, 벌써 40년이 경과하였다. 초기에 있어서의 투석 장치는 피아노 정도의 커다란 것이었으나, 점차로 개량되어 최근에는 투석기 자체는 매우 작은 콤팩트한 형태로 발전되었다.

다시 말하여, 초기의 장치에는 투석막에 셀로판막이 사용되었으나, 투석막이 점차로 개량되어 현재의 장치에는 마카로니를 아주 작고 조밀하게 한 셀룰로오스제 외경 0.1mm 정도의 중공사 수만 본을 원통 용기에 주입한 것이 사용되고 있다.

이 중공사가 반투막의 역할을 하고 있으며, 중공사 안을 혈액이 흐르고, 중공사 밖을 투석액이 흐르는 동안 혈액으로부터 노폐물 및 여분의 물이 투석액으로 이동한다.

가압도 가능한 한외 여과막

앞에서 설명한 것과 같이 셀로판막은 소의 방광막 및 물고기의 부레를 대신하여 광범위하게 연구용으로 이용되고 있으나, 분자 크기에 의한 분리를 보다 정밀하게 하기 위해 막면의 세공 크기를 보다 정밀하게 조정하고, 다소의 압력을 가하여도 파손되지 않는 막의 기계적 강도를 개량한 한외 여과막이라는 것이 있다.

현재, 시판되고 있는 한외 여과막은 보통 비대칭막이라 불리우는 막의 일종으로서, 그림 2·9에 나타낸 것과 같이 실제의 여과는 막표면 두께 0.1~1.5μm의 스킨(Skin)층이라 불리는 매우 얇은 막에서 행해지며, 막 본체를 구성하고 있는 스펀지층은 스킨층을 지지(支持)하며 기계적 강도를 유지하는 역할을 하

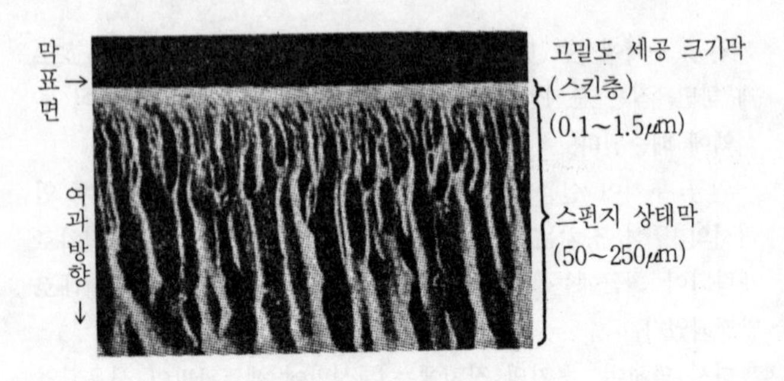

그림 2·9 비대칭 한외 여과막

고 있다.

여과는 스킨층의 매우 얇은 막에서 이루어지므로 여과 속도도 빠르며 또한 스펀지층에 의해 지탱되고 있으므로, 수기압 정도의 압력에도 견디며 가압 여과가 가능하다. 이와 같은 비대칭 구조의 막에 의해 시작되어, 분자량의 대소에 의해 정밀하게 분리 가능한 한외 여과막이 실현되었다.

스킨층의 세공 직경은, 막의 제조 공정에서 조절이 가능하나, 막여과와 비교할 때 매우 불규칙하며 따라서 한외 여과에 의해 분리되는 분자량의 크기 범위가 어느 정도 확대되어진다.

표 2에는, 시판되고 있는 각종의 세공 직경 크기의 한외 여과막으로, 단백질에서 아미노산까지, 여러 가지·분자량 화합물이 어느 정도 여과막에 걸러지는가(阻止率)를 나타내었다.

이러한 비대칭 구조의 한외 여과막은 방광막이나 셀로판막과 달라 4기압 정도의 가압 여과에도 견딜 수 있어 세균류는 물론 효소와 같은 고분자 화합물에서부터 당류와 같은 저분자 화합물까지 막 세공 직경의 대소에 의해 각종 크기의 분자를 분리할

표 2. 한외 여과막의 저지율

화합물	평균 분자량	저지율(%) 세공 크기 매우 굵음	중 정도	매우 조밀
페닐알라닌	165	20	0	0
트립토판	204	20	0	0
설탕	375	80	40	0
라피노스	594	90	65	0
이눌린	5,000	−	80	−
미오글로빈	17,000	> 98	> 98	> 95
알부민	67,000	> 98	> 98	> 98

수 있다.

특히, 효소의 희박 수용액과 같이 대량의 수용액에 미량의 고분자 화합물이 녹아 있는 경우에는 투석법보다 가압에 의한 한외 여과가 보다 효율적이다.

그러나 효소의 농후 수용액에서 염류만을 제거할 경우에는 투석법이 유리하다.

e. 역침투막

그림 2·10에 나타낸 것처럼 반투막을 경계로 U자관을 만들어 좌측에 순수, 우측에 식염수를 같은 높이로 주입한다. 이 실험에 사용한 반투막은 앞의 d에서 설명한 반투막보다 훨씬 치밀한 것으로서 물은 통과하나 식염은 통과하지 않는 막이다.

이같은 상태에서 수시간 방치하면 순수는 반투막을 통과하여

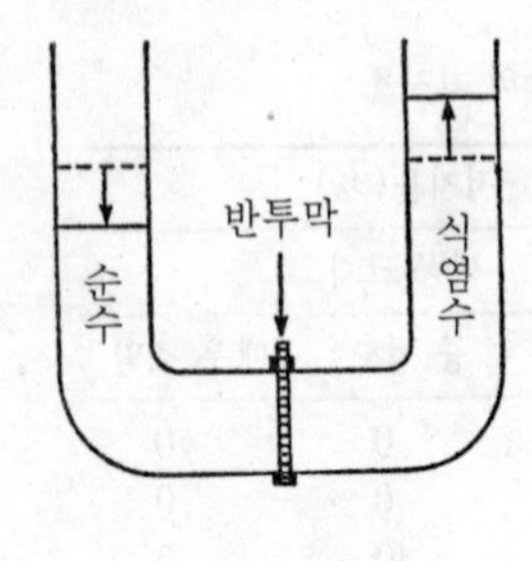

그림 2·10 역침투법

식염수 쪽으로 이동하며 식염수는 점점 희석됨과 동시에 순수가 침투하여 이동한 양만큼 식염수 쪽의 수위가 높아지며 순수 쪽의 수위는 낮아진다. 양측의 수위차에 의한 수압이 반투막을 경계로 순수에 의한 식염수의 희석력과 균형을 이룬 상태에서 수위 변화는 멈춘다. 이 압력을 침투압이라 한다.

반대로 이 수압을 웃도는 압력을 식염수 쪽에 가하면 식염수 중의 물만을 반투막을 통하여 순수 쪽으로 보내지는 것도 가능하리라 본다.

이같은 원리로 여러 가지의 물질이 녹아 있는 희박한 수용액으로부터 수분만을 반투막을 이용하여 분리하는 방법을 역침투법이라 한다. 역침투용의 반투막을 역침투막(RO막)이라 한다.

용액의 농도에도 의한 것이지만, 예를 들어 역침투법에 의해 바닷물로부터 순수물을 만드는 경우에는 수십~수백 kgf/cm^2의 고압을 필요로 하기 때문에 역침투막은 이 압력에 견딜 수 있도록 강해야 한다.

역침투법은 공업적으로는 바닷물에서 순수물을 만드는 것 외에 희박 수용액에서 용매의 수분만을 분리, 당류및 아미노산의 농축, 그리고 수도물에서 순수를 만드는 등 실용화되어 있다. 상온에서 작업이 가능하므로 열에 약한 화합물을 농축하는 데 편리하며 또한 에너지원으로서는 펌프를 움직이는 모터의 전력뿐이다.

역침투막은 한외 여과막과 동일한 비대칭 구조를 갖은 막으로, 역침투막으로서의 기능은 표층(表層)의 얇은 스킨층에 의해 발휘되며 평판상의 막 외에 중공사 타입 및 나선형 타입 등 용도에 따라 여러 형태의 것이 시판되고 있다.

Ⅲ. 상변화를 이용한 분리

a. 상변화란

고체의 얼음을 데워 0℃ 이상이 되게 하면 액체인 물로 바뀐다. 다시 이 물을 데우면 기체의 수증기로 변한다. 이처럼 같은 물질이 고체－액체－기체의 형태로 변하는 것을 상변화라 말하며 전문 용어로는 각각 고상(固相), 액상(液相), 기상(氣相)이라 한다.

해수를 데우면 해수 중의 수분만이 기상의 수증기로 변하고 이 수증기를 모아서 냉각시키면 순수한 물방울(液相)로 변한다. 이와 같이 하여 해수로부터 순수한 물을 만드는 것이 가능하여 한편으로 해수 중의 식염을 농축하여 고상으로서 추출할 수가 있다.

이같은 분리법이 상변화에 의한 분리로서 해수에서 순수물을 만드는 경우에는 액상→기상→액상으로 변화하므로 이것을 증류법이라 한다. 해수에서 식염을 분리하는 것은 액상→고상에의 변화로서 증발 농축법이라 한다.

이와 같은 상의 변화를 이용한 분리법은 예로부터 다수 알려져 있으며 우리들의 일상 생활 중에서도 많이 취급되고 있다.

예를 들어, 소주 및 위스키는 전분 발효물 중의 알코올과 그 밖의 휘발성 성분을 가열 증류에 의해 추출한 것으로서 액상→기상→액상의 상변화를 이용한 것이다. 그리고 백설탕은 사탕수수의 즙을 농축하여 그 안에 녹아 있는 설탕을 결정화한 것이며 액상→고상의 상변화를 이용하고 있다.

중동 지역으로부터 거대한 탱크에 실려 온 원유는 석유 정제 공장에서 증류 장치에 의해 휘발성이 높은 순으로 가솔린, 등유, 중유로 분리되며 이것도 액상→기상→액상의 상변화를 이용한 것이다.

그림 3·1 증류수(주?) 제조 장치

다음은 상변화를 이용한 분리법의 실례에 대해 열거해 보자.

b. 증류법

자동차의 배터리 안에 들어 있는 배터리액은 약 30%의 약한 희석 유산(硫酸)으로 증류수에 순유산(純硫酸)을 가하여 만든다. 주유소에서 베터리액이 모자랄 때 넣어 주는 것이 증류수이다.

증류수란 그 이름 그대로 보통의 음료수를 증류하여 만든 순수로서 그림 3·1과 같은 장치로 만든다. 다시 말하여, 주석으로 입힌 동가마(銅釜)에 물을 넣고 밖에서 가열하여 물을 비등시켜 나온 수증기를 냉각시킨 동관을 통해 물방울로 만든다. 대량의 연료를 필요로 하며 또한 시간이 걸리어 매우 비능률적이므로 현재에는 뒤에 설명할 이온 교환 수지법으로 대신하고 있다.

소주, 위스키, 브랜디 모두가 증류주에 속하나 각각 쌀, 감자 등의 발효물, 보리의 발효물, 포도즙의 발효물을 앞에 설명한 그림 3·1과 같은 증류 장치로써 증류한 것이다. 알코올은 물보다 휘발되기 쉬우므로 이 증류에 의해 대부분의 알코올과 그와 함께 나오는 소량의 수분이 발효액으로부터 분리되어진다.

그리고 각각의 발효물에 특유의 냄새가 휘발 성분으로서 알코올과 함께 증류되어 나오므로 특유의 향기를 갖는다.

또한 증류의 초기일수록 알코올분, 향기 성분과 함께 많은 유출물이 얻어진다.

감압하에서 증류하는 일도 있다

물의 경우 100℃까지 가열하면 수증기 압력이 대기압(1기압)과 같아지므로 가마 밑에서부터 수증기 기포가 발생한다. 다시 말해 비등이 시작된다. 동시에 물이 수증기로 변화할 때 증발열을 빼앗아 가므로 물이 비등하여 있는 한 물의 온도는 100℃를 넘지는 않는다.

같은 물이라도 후지산의 정상에서 끓인 경우에는 85℃ 정도에서 비등이 시작된다. 그것은 후지산 정상에서는 대기압이 0.6기압 정도 낮아지기 때문이다.

대기압이 낮아지면 그만큼 낮은 온도에서 가마의 밑에서 수증기 기포가 발생하기 때문이다.

그림 3·2는 수증기의 압력과 온도와의 관계를 나타낸 것으로 예를들어 대기압이 1기압에서는 100℃에서 비등하는 물도 0.5기압이 되면 80℃에서, 0.1기압이 되면 45℃에서 비등하게 된다.

말을 바꿔 말하면 압력이 낮을수록 낮은 온도에서 비등하며,

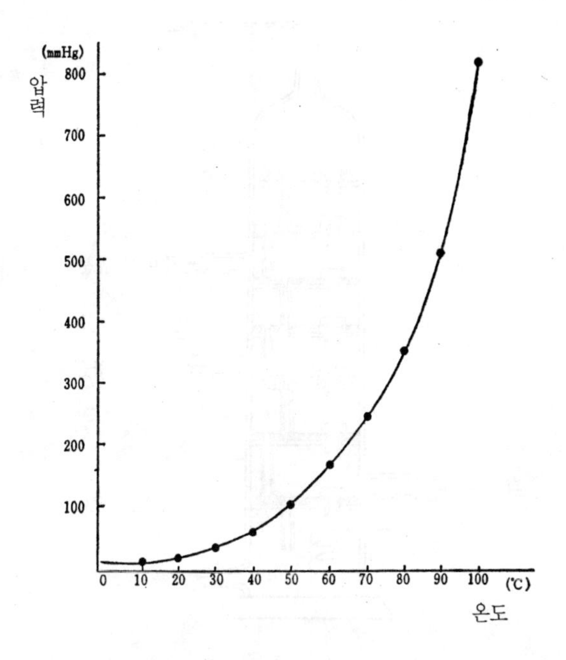

그림 3·2 수증기의 압력과 온도와의 관계

비등이 시작되면 그때 온도 이상에서는 물의 온도는 오르지 않는다.

이 성질은 물에 한해서만이 아니라 여러 액체는 압력이 낮을수록 낮은 온도에서 비등하므로 열에 의해 분해가 쉬운 화합물은 감압하에서 증류하는 것이 보통이다.

원유를 증류하면 비점이 낮은 것부터 LP 가스, 가솔린, 등유(경유) 등이 추출되어 나중에는 가마 안에 중유가 남는다. 석유제품의 사용은 광대한 양이 되므로 소주 및 위스키와 같이 1회에 가마에 넣어 증류하는 것은 매우 비능률적이다. 그러므로 그

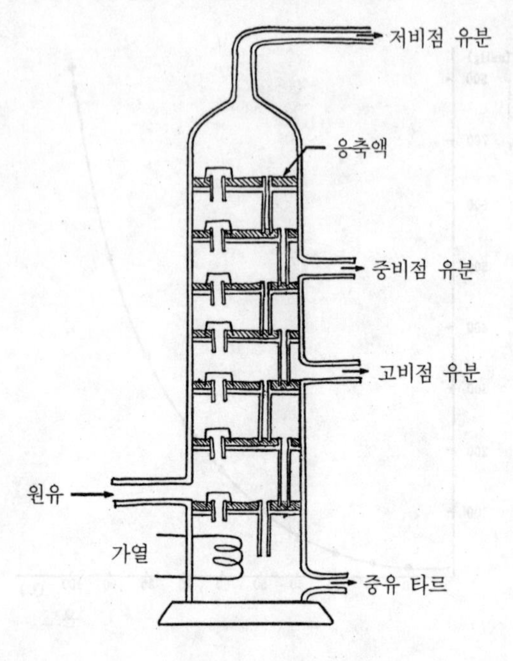

그림 3·3 연속 증류탑

림 3·3에 나타낸 것처럼 연속 증류 장치가 이용되어진다.

이것은 원리적으로는 높은 탑과 같은 증류탑 안에 원유가 주입되어 가열되면 비점이 낮은 성분일수록 탑의 상부로 올라가므로 탑의 각 위치에 증기 출구를 만들어 놓으면 정해진 비점 성분의 증기만 그 출구로부터 나온다. 이 증기를 냉각시켜 액체가 되면 석유 제품이 얻어지게 되는 것이다.

어떠한 성분도 석유계 화합물의 복잡한 혼합물을 갖고 있으므로 비점에도 차이가 있어 LP 가스는 비점 범위 0~50℃, 가솔린은 비점 범위 35~200℃, 등유는 비점 범위 150~300℃, 경유는 비점 범위 200~350℃의 유출물이 모여진다.

그리고 비점이 높은 중유를 분해해서 비교적 비점이 낮은 경유를 만들 수가 있으며 이같은 경우는 중유를 분해한 후, 감압 증류를 사용하는 것이 능률적이며, 경유 성분을 추출할 수도 있다.

진공 내에서 하는 분자 증류

앞에서 설명한 것과 같이 감압에 의한 편이 액체는 낮은 온도에서 비등하므로, 매우 증발이 어려운 비타민 A와 비타민 E 같은 약품도 수은주로 10^{-3}~10^{-6}mm 수은주 정도의 진공 내에서는 100~300℃ 온도에서 증류가 가능하다. 이 같은 증류를 분자 증류라 말하며 열에 불안정한 난휘발성 화합물의 정제법으로서 이용되고 있다.

다시 말해, 감압 증류로 진공도를 충분히 하고, 동시에 증발면과 응축면과의 거리를 아주 짧게 하면 한 번 증발면에서 날아간 분자는 도중에 다른 분자와 충돌하지 않고 응축면에 도달하여 응축한다. 예를들면, 10^{-3}mm 수은주 정도의 진공 내에서는 수cm의 거리에 있으면 이 조건이 만족되어 아주 난휘발성 액체라도 100~300℃ 정도의 온도에서 증류하는 일이 가능하다.

대구의 간유(肝油)를 수회 반복하여 분자 증류에 의해 비타민 A 농도를 7~8배로 높일 수가 있다. 또한 식물유 안에 함유되어 있는 비타민 E(d-토코페롤)도 식물유의 분자 증류에 의해 분리 농축이 가능하다.

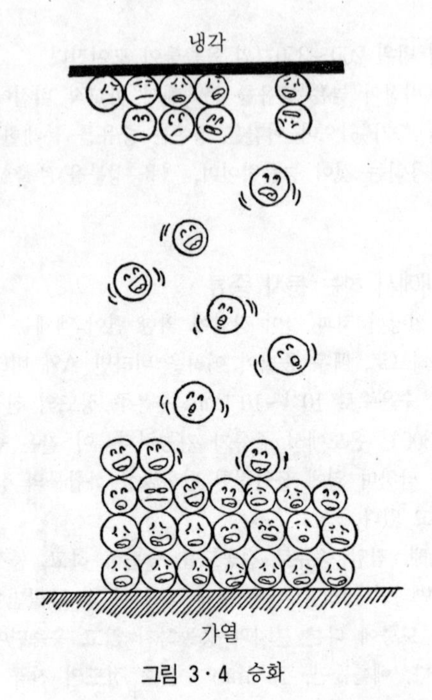

그림 3·4 승화

c. 승화법

장농 안에 좀벌레를 없애기 위해 넣어 둔 나프탈렌 및 장뇌는 모르는 사이에 휘발되어 없어져 버린다. 이것은 고체의 나프탈렌과 장뇌가 직접 기체의 나프탈렌, 장뇌로 변한 것으로 고체 → 기체의 상변화를 승화라 한다. 반대로 기체를 냉각시키면 액체로 되지 않고 직접 고체로 되는 경우가 있다. 나프탈렌을 넣고 밀폐한 유리병의 입구에 하얀 나프탈렌 결정이 달라붙는 것은 이 때문이다.

이 승화 현상도 분리에 응용이 가능하여 예를 들면, 유전 지대에서 원유와 함께 내뿜어진 해수(유전 관수) 중에는 통상 해수의 수백~수천배의 농도의 요소가 함유되어 있으며 의약품 및 공업 약품의 제조에 채취되어진 요소가 사용되고 있다.

요소는 상온에서 검은 보라색의 고체이며, 가열하면 승화하여 보라색의 증기로 되어 이것을 냉각시키면 다시금 검은 보라색의 고체가 된다. 유전 관수에서 채취된 요소는 이 승화법에 의해 정제되어진다.

d. 재결정법

여름에 투명한 꿀은 겨울이 되면 하얀 결정이 되어 버린다. 이것은 꿀에 함유되어 있는 포도당이 온도가 낮아져 결정으로 되어 분리되어진 것으로 이 결정은 매우 순수한 포도당이다. 꿀에는 과당(fructose)도 함유되어 있으나 결정화가 어려우므로 액체 그대로 있다.

포도당 함유량이 많은 꿀은 겨울에는 전체가 굳어져 버리나 이것도 자루에 넣고 짜면 수분과 과당은 걸쭉한 액체로서 스며 나온다.

일반적으로 고체를 물에 녹이는 경우, 온도가 높을수록 많이 녹으며 이것을 식히면 더 녹은 만큼이 결정으로 석출되어진다.

이때에 녹기 어려운 성분만 결정이 되며, 녹기 쉬운 성분은 모액(母液)에 남는다. 그리고 결정이 될 때에는 같은 성분만이 잘 모여져 결정이 되는 성질이 있기 때문에 결정이 될 때에는 불순물이 배제되는 경향이 크다.

따라서 이 방법으로 불순물을 포함한 고체를 순수한 결정으로

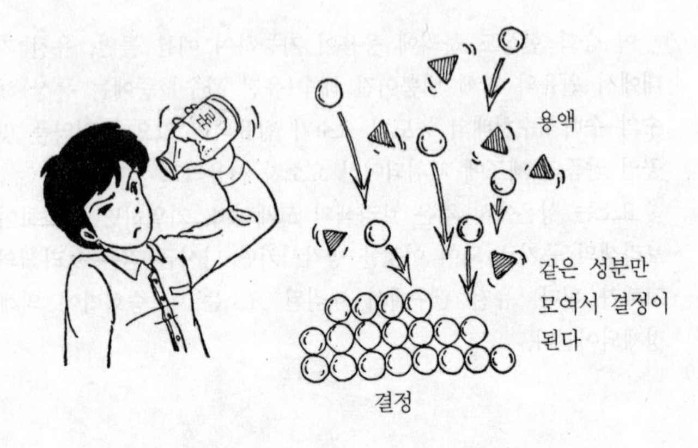

그림 3·5 재결정. 같은 성분만 모여서 결정이 된다.

서 분리 정제할 수가 있다. 다시 말해 꿀을 냉각시켜 꿀 안의 포도당만을 순수하게 분리할 수가 있다. 이와 같은 분리 정제법을 재결정법이라 하며 공업적으로도 널리 이용되고 있다. 사탕수수 즙을 탈색, 농축한 후 냉각시켜 결정시킨 것이 백설탕이며 백설탕을 뜨거운 물에 녹인 후 냉각시켜 다시 순수한 결정으로 한 것이 얼음 사탕이다.

겨울의 북해도 오호츠크 해안에는 유빙(流氷)이 밀려든다. 이 유빙은 해수가 언 것임에도 불구하고 전혀 짠맛이 없어서 술잔의 얼음으로도 사용되는 정도이다.

해수가 언 것임에도 불구하고 왜 짜지 않은 것일까?

이것은 물이 얼음이 될 때 물분자만이 모여 얼음이 되며 물에 녹아 있는 염분이 얼음 결정에서 배제되기 때문이다. 이 상태는 앞에 설명한 재결정의 경우와 아주 비슷하다.

일반적으로, 액체가 얼어서 고체가 될 때 비슷한 분자들이 모여 결정화 한다. 그리하여 액체에 녹아 있는 불순물은 결정으로

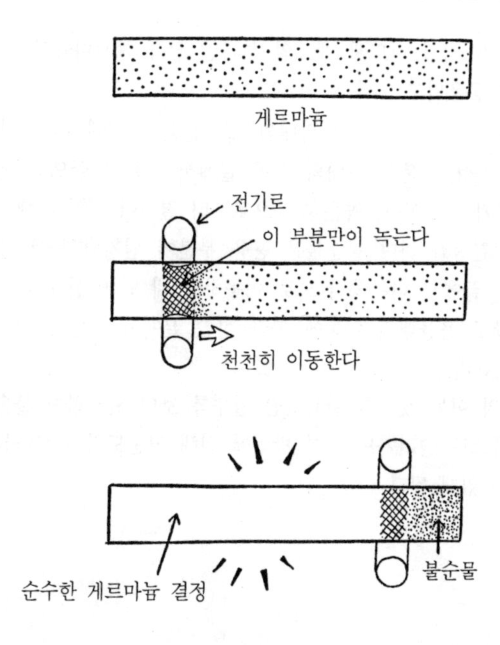

그림 3·6 존멜트 정제법

부터 배제되어 원래의 액에 남는다. 이 원리에 의해 아주 순수한 결정을 만들 수가 있다.

현재 반도체의 주역을 맡고 있는 실리콘 IC는 순도 99.9999999의 단결정으로부터 만들어지고 있다. 이같은 고순도 실리콘은 용융 결정화법에 의해 만들어진다.

다시 말해, 실리콘을 석영 용기 안에서 1700℃로 가열하여 완전히 녹인 후 이 안에 실리콘 결정 입자를 넣어 1시간에 수mm의 속도로 천천히 끌어올리면 실리콘의 커다란 단결정이 되어 나온다. 이 외에, 결정화법과 유사한 정제법으로서 존멜트 정제법이 있으며 역시 반도체 재료의 하나인 금속 게르마늄의 고순도 정제에 응용되고 있다.

이 방법에서는 게르마늄 막대의 일부분을 전열에 의해 가열 용해시켜 용융 부분을 막대의 한쪽 끝에서 다른쪽 끝으로 천천히 이동시키는 것이다. 녹은 부분으로부터 결정이 성장할 때, 주성분만이 결정화 하며 불순물은 용융 부분에 남기 때문에 용융대가 한쪽 끝에서 다른쪽 끝으로 이동하면 대 안에 함유되어 있는 불순물도 용융대의 이동에 따라 한쪽 끝에서 다른쪽 끝으로 쓸려가게 된다.

용융대의 이동 횟수를 반복하면 할수록 보다 완전하게 불순물은 다른쪽으로 쓸려가므로 이 방법에 의해 고순도의 게르마늄을 정제할 수 있게 된다.

Ⅳ. 화학적 친화력을 이용한 분리

a. 용매 추출 · 초임계 유체 추출

의복에 묻은 때나 더러움은 물로 세탁해도 간단히 없어지지 않으나 드라이 클리닝을 하면 깨끗하게 되어진다. 드라이 클리닝 공장에서는 물 대신에 트리클로로에틸렌이라는 유기 용제를 사용하여 더럽혀진 의복을 세탁한다. 트리클로로에틸렌에는 때나 기름이 잘 용해되므로 그것과 함께 때나 기름 중에 섞여 있던 더러움도 없어져 버린다.

트리클로로에틸렌이라는 유기 용제는 물에 녹지 않고 기름을 잘 용해시키며, 불에 타지 않으므로 화재 염려가 없어 클리닝을 비롯해 기계 공장에서의 기름 제거 등 널리 사용되고 있다. 그러나 이 증기는 공기보다 무거우며, 더럽혀져 지하수에 스며들어가면 환경 오염의 원인이 되므로 취급에 주의가 필요하다.

클리닝에 사용한 후의 더럽혀진 트리클로로에틸렌을 증류하면 깨끗한 트리클로로에틸렌이 회수되어 반복하여 사용할 수가 있다.

이같이 기름에 녹기 쉬운 성분(이 경우는 의복의 때, 더러움)을 유용성(油溶性) 용제(이 경우, 트리클로로에틸렌)에 녹여서 제거하는 일을 일반적으로 용매 추출이라 말하며 공업적 규모로서의 분리에 널리 이용되고 있다.

대두유(大豆油)는 그 이름 그대로 대두로부터 얻어진 기름이다. 옛날에는 대두를 100℃ 정도 가열한 후 압력을 가해 기름을 짰으나, 현재는 기름 회수율이 높은 용매 추출법이 쓰여지고 있다. 다시 말해, 대두를 잘게 부순 후, 100~130℃로 가열하고 롤러에 의해 납작 보리같이 얇고 넓적하게 만든다. 이것을 헥산의 유기 용제에 넣고 섞으면 대두 안의 기름 성분은 전부 헥산에 의해 녹는다. 대두 찌꺼기를 거르고 헥산을 증류하여 제거하

그림 4·1 용매 추출. 대두의 유분만이 헥산에 녹아 나옴

면 나중에 대두유가 남는다. 추출에 사용되는 헥산은 가솔린의 한 성분으로 기름을 잘 녹이며 또한, 약 70℃에서 증류 회수가 가능하므로 편리한 용제의 하나이다.

일단 물에 녹인 다음 추출한다

용매 추출은 이같이 유기 용제를 사용하여 고체로부터 유분을 추출하는 것만이 아니라 물에 녹아 있는 성분을 유기 용제로 추출하거나 유기 용제에 녹아 있는 성분을 물로 추출하는 경우도 있다.

물과 경유는 아무리 섞어도 잠시만 방치해 두면 물과 경유로 분리되어 버린다. 경유가 물보다 가볍기 때문에 물이 밑으로 가라앉으며 경유는 위로 떠올라 2층으로 분리된다.

지금 우라늄 광석을 초산에 녹여 초산 수용액으로 만들고, 한편으로 인산트리브틸(TBP)의 약품을 경유에 녹여 놓은 다음, 양쪽의 용액을 혼합하여 빠른 속도로 섞은 다음 방치하면 초산 수용액은 하층에, TBP경유 용액은 상층으로 분리되는데 이때 초산 수용액에 녹은 우라늄은 TBP경유 쪽으로 추출되어진다.

이 조건에 의해 추출되어지는 것은 우라늄뿐으로 그 밖의 금속은 추출되어지지 않으므로 이 TBP용매 추출법은 매우 유효한 우라늄 정제법으로 원자력 발전용의 우라늄 분리 정제법으로서 전세계에 이용되어지고 있다.

이 우라늄 정제와 같이 광석을 일단 수용액으로 만든 후, 목적의 금속만을 용매 추출법에 의해 얻어지는 제련법을 습식 제련법이라 한다. 용광로를 사용하여 고온으로 녹인 금속을 얻는 건식 제련법보다도 에너지 절약의 제련법으로서 주목되고 있다. 이 습식 제련법은 우라늄 외에 희토(稀土)류 금속 등 비교적 고가인 희산(稀産) 금속의 제련법으로서 이용되어지고 있다.

용매 추출은 고체－액체, 액체－액체 뿐만 아니라 기체－액체에서도 행하여질 수가 있다.

물담배도 용매 추출의 일종

아랍 지방에 유명한 물담배라는 것이 있다. 담배 연기는 기포로 되어 물을 어느 정도 제거한 후 입안으로 빨려들어간다. 연기의 기포가 물 안을 통과하는 동안에 연기 중에 포함되어 있는 물에 녹는 성분은 물에 의해 추출되어진다. 동시에 연기가 냉각되면서 타르분 등도 함께 물 안에 침전한다. 다시 말하여, 물담배의 경우는 기체 중의 성분을 액체로 추출하므로 기액 추출이라 하며 기체의 정제법으로서 산업계에서도 널리 사용되어지고 있다.

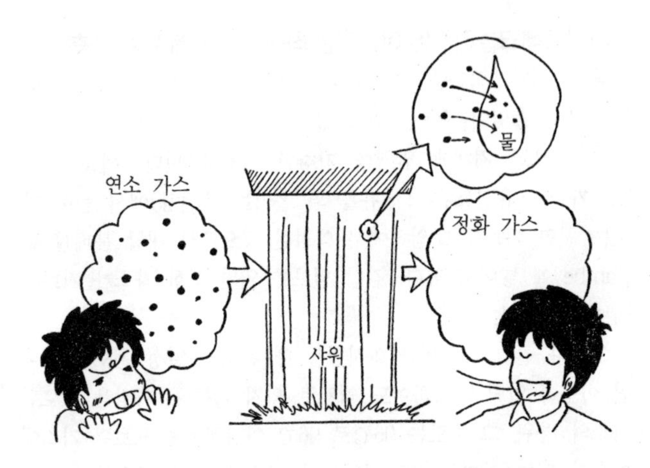

그림 4·2 보일러에서 나온 연소 배기 가스로 샤워 안을 통과하여 정화되어진다.

화력 발전소의 굴뚝에서 나오는 배기 중에 포함되어 있는 유황산화물 및 질소산화물은 욧카이치 시(市)의 공해 등과 같이 대기 오염의 원인 물질로서 알려져 있으며, 현재에는 배기 중의 유황산화물 및 질소산화물은 대기 중의 평균 농도가 0.04 ppm 이하로 하지 않으면 안되도록 엄중하게 규제되어 있다. 화력 발전소에서는 이와 같은 오염 물질을 제거하기 위하여 습식법 또는 건식법을 사용하고 있다.

습식법의 원리는 기액 추출로서 보일러에서 나온 연소 배기 가스는 석탄수의 샤워 안을 통해 지난다. 이 사이에 배기 가스 중의 유황산화물및 질소산화물이 석탄수 안에 흘러 들어가 샤워실을 나온 배기 가스 중의 유황산화물, 질소산화물은 규제 농도 이하로 제거되어지는 것이다.

바이오테크놀러지에 이용되는 최근의 초임계 유체 추출법

최근 식품, 의약품, 바이오테크놀러지 관계의 분야에서 새로운 용매 추출법이 주목을 받고 있다.

일반적으로 기체에 압력을 가하면 액체로 된다. 예를 들어 LP 가스는 유정(油井 : 원유를 퍼 올리는 유전광)에서 품어 나오는 천연 가스를 고압하에서 액화한 것으로서 내압 봄베(耐壓 Bombe)에 넣어져 있다. 감압 밸브를 열면 액화 가스가 기화하여 내뿜어진다.

그러나 천연 가스를 액화시켰을 때 온도가 일정 온도 이상이면 아무리 압력을 가하여도 액체로 되지 않는다. 가정용 프로판 가스의 경우, 그 온도는 96℃로 96℃ 이상에서는 프로판 가스에 아무리 압력을 가하여도 액화하지 않으며 다만 가스의 밀도가 커질 뿐이다.

이같이 액화가 일어나지 않는 한계 온도를 임계 온도라 하며, 각각의 가스에는 고유의 값이 있다. 임계 온도 이상의 가스는 압력을 높여도 액체로는 변하지 않으며 기체와 액체의 중간 성질을 갖는 유체로 된다. 이같은 유체를 초임계 유체라 하며 고압에서 유체의 밀도가 커질수록 물질의 용해력이 커지므로 추출 분리의 목적으로 응용이 가능하다.

이 초임계 유체 추출에 사용되는 기체는 탄산 가스(이산화탄소)가 제일 많으며 그 외에 프로판 및 에탄 등도 사용되고 있다.

탄산 가스의 경우 31℃이상, 압력 78기압 이상에서 초임계 상태로 되며 추출 탱크 내에서 이 유체를 원료에 접촉시켜 유효 성분을 추출한다. 추출이 끝나면 분리 탱크에 보내어 분리 탱크 내에서 압력을 낮추어 가스를 빼내고 성분을 뽑아 낸다.

이것은 종래의 방법으로는 추출이 어려운 성분을 비교적 저온에서 추출이 가능한 특징이 있다. 안전성이 요구되는 식품 및 단백질, 비타민 등 열에 약한 약품을 제조하는 데 유효한 방법이다. 특히, 추출제로서 탄산 가스가 사용되고 있기 때문에 잔존물이 없으며 온도, 압력을 미조정(微調整)함으로써 용해력을 조정할 수 있으며, 복잡한 혼합물에서도 목적물을 선택적으로 추출하는 일도 가능하다는 점 등의 특징이 있다.

그러나 고압 설비가 필요하기 때문에 설비와 운전에 경비가 들며 부가 가치가 높은 식품, 의약품 등 화인케미컬(fine chemical) 분야에서의 응용이 기대되고 있다. 예전에 구미(歐美)에서는 커피의 탈카페인 및 홉의 유효 성분의 추출 등으로 공업화되고 있다.

b. 흡착

사탕수수에서 짜낸 즙을 끓이면 검은 흑설탕이 만들어진다. 이것을 하얗게 하기 위해서는 흑설탕을 일단 물에 녹이고 활성탄이라는 탄(炭) 분말을 넣고 섞어준다. 그러면 흑설탕의 착색 성분이 활성탄에 붙어서 흑설탕 액의 색이 엷어진다. 활성탄을 분리한 후 여액(濾液)을 끓여서 식히면 흑설탕보다 색이 엷은 굵은 설탕이 만들어진다. 이 조작을 몇 회 반복하면 백설탕이 된다.

이같이 액체 중의 특정 성분이 고체 표면에 붙는 것을 흡착이라 하는데 이 경우 특히 고액 흡착이라 한다.

활성탄은 소뼈(牛骨), 야자수 껍질 등을 특수한 방법으로 쪄서 구운 탄으로 그 표면에 여러 가지 물질을 끌어당기는 힘이 강한 흡착제로서 널리 사용되고 있다.

그림 4·3 활성탄에 의한 흡착

예를 들어, 수도물의 클로르칼크 냄새를 없애기 위해 수도 꼭지에 설치한 정수기 안에도 활성탄이 사용되고 있으며 또한 정종(酒)의 양조(釀造) 과정에도 활성탄이 사용되고 있다. 정종의 양조 과정에서 생성되는 미량의 여러 냄새 성분을 활성탄 처리를 함으로써 제거할 수 있다.

여러 가지 흡착제

흡착제로서는 활성탄 이외에도 여러 가지가 알려져 있다. 예를 들면 산성 백토(활성 백토)는 점토의 일종인데 흡착력이 강하며 약품, 식품의 탈색 탈취제로서 사용되고 있다. 식용유에는 백교유(白絞油)가 있는데 이것은 채종유(菜種油)를 산성 백토에 의해 탈색 정제한 것이다. 이외에 고가(高價)인 활성 산화알루미늄(알루미나)도 연구실에서는 유기 화합물의 흡착제로서 사용되고 있다.

그리고 합성 고분자의 흡착제도 있다. 예를 들면, 안바라이트 XAD라는 수지(樹脂)는 폴리스티렌이라는 합성 고분자 화합물로부터 만들어졌으며, 통상의 이온 교환 수지와 같은 양귀비씨(芥子粒) 크기의 구상 입자(球狀粒子)인데 입자에는 40~90Å(1Å은 1mm의 1000만분의 1)의 비어 있는 세공(細孔)이 무수히 많아 그 결과 수지 입자 표면적은 매우 크다. 예를 들어 양귀비씨 정도 크기의 입자 1g이 갖는 표면적은 공경(孔徑) 90Å으로서 300m^2, 공경 40Å으로서 725m^2에 달한다.

이 수지의 표면은 친유성(親油性)으로 유기 화합물이 매우 흡착되기 쉽다. 또한 흡착되어진 유기 화합물은 아세톤 및 알코올 등의 유기 용매로 간단히 세척 가능하다. 그러므로 안바라이트 XAD는 수용액 중의 미량 유기 화합물을 흡착 제거하는 데 있어 매우 편리한 흡착제이다.

흡착은 반드시 액체에만 한정되지는 않는다. 기체 중의 특정 성분을 고체에 흡착시키는 것도 자주 행하여지고 있다. 이 경우 기고(氣固) 흡착이라 하며 다시금 활성탄을 예로 들면 냉장고 안의 악취를 없애는 제취제(除臭劑) 상자에도 야자 껍질 활성탄이 들어가 있다.

김 통조림 안에 들어 있는 건조제 실리카 겔도 기고 흡착제이다. 실리카 겔은 산화규소로부터 만들어진 무기 고분자 화합물이며, 각각의 입자에는 전자 현미경으로 겨우 볼 수 있는 무수한 세공이 있으며 이 세공 안에 수증기가 차게 되므로 실리카 겔이 건조력을 발휘하게 되는 것이다.

코발트염을 주입한 색이 있는 실리카 겔도 있으며 건조되었을 때는 청색, 습기를 갖으면 코발트염도 습기를 흡수하여 분홍색

그림 4·4 제올라이트

이 된다. 습기를 흡수한 실리카 겔은 오븐(oven)에 넣어 100℃로 가열하면 세공 안에 들어간 수분이 증발하여 처음의 청색 건조 실리카 겔이 되어지므로 재차 건조제로서 사용이 가능하다.

제올라이트라는 광물이 있다. 주성분은 규산 알루미늄인데 인공적으로 합성할 수가 있으며 그 때 첨가하는 부원료(副原料)의 종류와 양에 의해 여러 가지의 결정 구조를 얻을 수가 있다. 그러나 공통적인 것은 결정을 전자 현미경으로 관찰하면 항아리와 같은 모양을 하고 있으며 원료의 조합(調合)차에 의해 항아리 입의 크기가 여러 가지로 변한다.

예를 들어 말하면 분자 차원에서의 문어항아리와 같은 것으로 이 항아리 입보다 작은 분자 및 이온은 항아리 안에 들어가 흡착되며 큰 것은 흡착되지 않게 된다.

합성 제올라이트의 세공 크기는 3, 4, 5, 9, 10Å이며 Å단위

(10^{-10}m)로 자유로이 조제할 수 있고 매우 작은 크기의 차에 의해 분자를 세밀하게 분류할 수 있으므로 별명(別名), 분자체(分子篩)라고도 말한다. 이와 같은 합성 제올라이트를 사용하면 기체 중의 특정 가스만을 선택적으로 흡착 분리시킬 수가 있어 석유 화학 공업에서 널리 사용되고 있다.

그리고 대상은 기체뿐만이 아니라 액체에도 응용이 가능하며 유기 용제 중에 포함되어 있는 매우 미량의 수분 분리에도 이용되고 있다.

c. 이온 교환

앞에서 설명한 제올라이트 광물에는 흡착 작용과 함께 이온 교환 작용이 일어나며 예로부터 퍼뮤티트(permutite)라는 이름으로 경수 연화(硬水軟化)에 사용되어져 왔던 것이다.

도대체 이온 교환 작용은 어떠한 것인가?

물 안에는 여러 이온이 녹아 있다. 나트륨 이온, 칼슘 이온, 마그네슘 이온 등의 양이온, 그리고 염화물 이온, 황산 이온, 인산 이온 등의 음이온이다. 양이온은 (+)전하를 띠는 입자이며 음이온은 (−)전하를 띠는 입자이다. 입자라 해도 눈이나 현미경으로 관찰되는 크기가 아니라 아주 작은 Å단위 크기의 입자이다.

물 안에는 양이온과 음이온이 같은 양으로 존재하고 있으므로 각 이온은 (+) 또는 (−)전하를 띠고 있지만 상호간의 작용에 의해 물 전체로서는 전하를 띠지 않는다.

칼슘 이온 및 마그네슘 이온을 많이 함유하고 있는 물은 경수(硬水)라 하며 주전자에 물때가 끼기 쉽다. 또한 비누를 사용하

그림 4·5 제올라이트에 의한 이온 교환
Na : 나트륨, Ca : 칼슘

여도 거품이 나지 않으며 때가 잘 지워지지 않는다.

이같은 경수를 제올라이트 분말로 채운 관 안을 통과시키면 칼슘, 마그네슘 이온이 제올라이트에 흡착되어 연수(軟水)가 된다. 이에 따라 칼슘, 마그네슘이 줄어든 양만큼 제올라이트로부터 나트륨 이온이 나온다.

제올라이트[나트륨]＋경수[칼슘, 마그네슘]→제올라이트[칼슘, 마그네슘]＋연수[나트륨]

이같이 이온이 교체되는 화학 반응을 이온 교환 반응이라 하며 제올라이트는 이온 교환체이다. 위의 경수 연화 작용은 제올라이트에 나트륨이 남아 있는 동안 계속되나 전부 칼슘, 마그네슘으로 치환되어 버리면 연화 작용은 없어진다. 이같이 하여 포화된 제올라이트는 식염수를 가해줌으로써 재생할 수가 있다.

다시 말해,

제올라이트[칼슘, 마그네슘]＋식염수[염화나트륨]→제올라이트[나트륨]＋배액(排液)[염화칼슘, 염화마그네슘]

이렇게 제올라이트는 경수 연화제로서 반복하여 사용할 수 있다.

제올라이트가 수용액 중의 양이온 선택적 분리제로서 유효하다는 것을 알게 된 이후, 이온 교환 작용의 원리 연구로부터 합성 고분자 화합물을 모체로하는 이온 교환 수지가 생겨나게 되는데, 그것은 1935년의 일이었다.

그 이후, 갖가지 연구가 행해졌으며 현재 이온 교환제라 하면 거의 예외 없이 합성 고분자를 모체로 하는 이온 교환 수지를 가르킨다.

양이온 교환 수지와 음이온 교환 수지의 구별

현재 시판되고 있는 이온 교환 수지는 거품입자~양귀비씨 입자 정도(20~50mesh)의 구상(球狀) 형태를 한 입자로 양이온 교환 수지와 음이온 교환 수지로 구분할 수가 있다(mesh는 체의 구멍 크기를 표시한 단위. 길이 1인치에 대해 구멍수를 표시. 숫자가 클수록 구멍 크기가 작다). 특히 실용상 널리 사용되고 있는 것은 강산성형 양이온 교환 수지 및 강염기성형 음이온 교환 수지이다.

강산성형 양이온 교환 수지의 특징은 모든 양이온을 중성 조건에서 뿐만 아니라, 약산성 조건에서도 수소 이온으로 교환 가능하다. 그리고 강염기성형 음이온 교환 수지는 전체 음이온을 중성 조건에서 뿐만 아니라, 약염기성 조건에서도 수산화물 이온으로 교환 가능하다. 예를 들면, 식염수(염화나트륨 수용액)를 위의 수지 입자로 채운 통 안으로 주입시키면

양이온 교환 수지[수소 이온]+식염수[나트륨 이온, 염화물 이온]→양이온 교환 수지[나트륨 이온]+[수소 이온, 염화물 이온]

음이온 교환 수지[수산화물 이온]+[수소 이온, 염화물 이온]→음이온 교환 수지[염화물 이온]+물[수소 이온, 수산화물 이온]

이상과 같은 교환 반응에 의해 식염은 양(兩)이온 교환 수지로 교환 흡착되며 그것에 해당하는 양의 수소 이온과 수산화물 이온이 방출되어진다. 수소 이온과 수산화물 이온은 결합하여 물이 되므로 식염수가 이온 교환 수지 안을 통과함에 따라 순수로 바뀌게 된다.

화력 발전소 및 원자력 발전소의 보일러에 사용하는 순수나 IC 제조 공정에 세정용(洗浄用)으로 사용되는 초순수는 모두 이온 교환 수지법에 의해 탈이온되어진다.

이온 교환 수지도 제올라이트와 같이 교환 능력에는 한계가 있으며 위에서 말한 나트륨 이온과 염화물 이온에서 교환 포화되어지면 교환 능력은 없어진다.

그러므로 양이온 교환 수지는 희박 염산으로 세정하면,

양이온 교환 수지[나트륨]+염산[수소 이온, 염화물 이온]→양이온 교환 수지[수소 이온]+식염[나트륨 이온, 염화물 이온]으로 되어 재생된다.

음이온 교환 수지는 수산화나트륨 수용액으로 세정하면,

음이온 교환 수지[염화물 이온]+수산화나트륨[수산화물 이온, 나트륨 이온]→음이온 교환 수지[수산화물 이온]+식염[염화물 이온, 나트륨 이온]

이 되어 재생되고 반복하여 사용할 수가 있다.

특정 이온에 선택성이 높은 킬레이트 수지

공장 배수 중의 유해 금속도 이온 교환 수지에 의해 분리 제거가 가능하나 이온 교환 수지의 유일한 단점은 이온에 대한 선택성이 약하다는 점이다. 양이온이면 전부 양이온 교환 수지에 교환 흡착되어지며 음이온이면 전부 음이온 교환 수지에 교환 흡착되어진다.

한편, 공장 배수 중에는 구리, 납, 카드뮴 등의 유해 금속 이온 이외에 나트륨, 칼슘, 마그네슘 이온 등 무해한 이온도 함유하고 있으나 대부분은 무해한 이온으로 그 안에 매우 작은 미량의 유해 금속이 포함되어 있는 경우가 많다.

따라서, 이같은 배수를 한꺼번에 양이온 교환 수지에 주입하면 무해한 이온으로 곧 포화되어 버리며 유해한 이온은 아주 미량만 제거된다.

이와 같은 배수 처리의 경우는 특정 이온에 선택성이 높은 킬레이트 수지(킬레이트성 양이온 교환 수지)가 사용되어진다.

통상의 양이온 교환 수지에는 이온 교환 수지의 (−)전하에 금속 이온의 (+)전하가 전기적(電氣的)으로 서로 당겨지므로 금속 이온의 종류에 관계없이 교환 흡착된다. 이에 대해 킬레이트 수지는 금속 이온의 종류에 따라 매우 호감을 갖는 성질을 갖고 있다.

킬레이트라는 말은 그리스 어로 게의 집게발을 의미하는 말로서 킬레이트 수지는 게의 집게발과 같은 형태의 교환기를 갖은

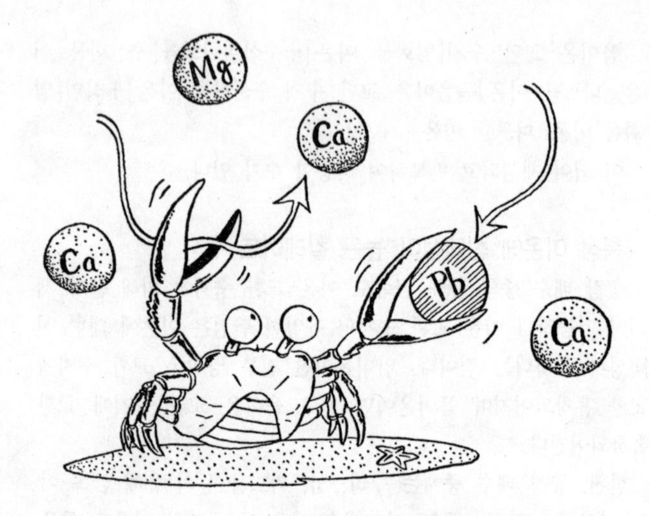

그림 4·6 킬레이트 수지는 목적의 이온만을 택한다.
Mg : 마그네슘, Ca : 칼슘, Pb : 납

이온 교환 수지이다. 이 게의 집게발로 금속 이온을 잡아 쥐며 집게발의 화학 구조에 의해 금속 이온에 대한 선택성을 여러 가지로 바꿀 수가 있다.

예를 들어 나트륨, 칼슘, 마그네슘 등의 양이온은 흡착하지 않지만 구리, 아연, 카드뮴 이온을 흡착하는 킬레이트 수지가 있어 도금 공장의 배수 처리에 사용되고 있다.

앞에서 제올라이트의 이온 교환 작용에 대해 설명하였으나 제올라이트 외에 다수의 무기 화합물에 이온 교환 작용이 발견되어졌으며 이것들을 총칭하여 무기 이온 교환체라 한다.

무기 이온 교환체는 ①특정 그룹에 대해서만 선택적으로 교환 흡착하는 것이 많고 ②내열성 및 내방사선성에 유효하는 등의 특징을 갖는 반면, 합성 이온 교환 수지와 같이 입경(粒徑)이 일정한 구형 입자로 성형(成型)이 불가능하며 미립자상 및 큰덩어리를 잘게 부순 것과 같은 부정형 파쇄형(不定形破碎型)의 것이 많다. 그 때문에 통 속에 채우면 물의 흐름이 나빠서 공업적 규모로서 사용이 어려운 단점이 있다.

무기 이온 교환체는 이상과 같은 이유로 주로 연구실에서만 이용되어지고 있다.

막상(膜狀)의 이온 교환 수지－이온 교환막

또한 입상의 이온 교환 수지를 막상으로 성형(成型)한 것도 만들어지고 있다. 이것을 이온 교환막이라 하며 화학적 조성은 입자상의 것과 비슷하며 막이 파손되지 않도록 보강재(補強材)를 사용하였다. 교환기의 종류에 의해 양이온 교환막과 음이온 교환막으로 구분된다.

이들의 막은 물로 충분히 적시면 양이온 교환막은 양이온만을, 음이온 교환막은 음이온만을 통과시키는 성질이 있다.

지금, 그림 4·7과 같이 양이온 교환막(C)과 음이온 교환막(A)을 교대로 배열한 구조의 전해조(電解槽)에 해수를 주입하여 전기를 통해주면, 해수에 녹아 있는 이온 중에 나트륨 이온과 염화물 이온만이 각각 양이온 교환막과 음이온 교환막을 통과하기 쉬우며, S탱크에서는 해수가 농축되고 그 분량만큼 B탱크에서는 식염이 제거되어진다. 다시 말해 이 원리에 의해 해수 중의 나트륨 이온과 염화물 이온만이, 식염을 농축할 수가 있다. 이 방법은 일본의 대표적인 제염법으로 이온 교환막이라 한다. 종래의 염전법(鹽田法) 등과는 달리 날씨에 좌우되지 않고 또한 경제적이다.

이온 교환막은 또한 식염수의 전기 분해에 의한 수산화나트륨

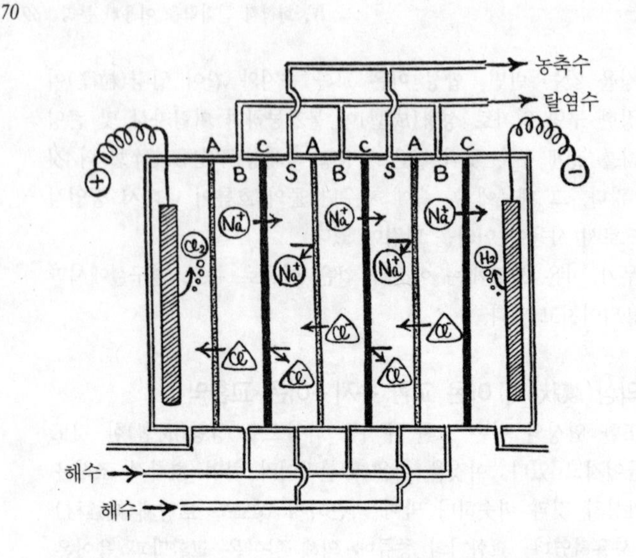

그림 4·7 양이온 교환막과 음이온 교환막을 교대로 배열한 구조의 전해조.
A : 음이온 교환막　C : 양이온 교환막
Na^+ : 나트륨 이온　Cl^- : 염화물 이온

제조에도 사용되어지고 있다.

종래 전해법에 의한 순도가 높은 수산화나트륨의 제조는 음극에 수은을 사용한 수은법이 주류였으나 수은에 의한 환경 오염이 문제가 된 이후 이온 교환법으로 대체되었다.

다시 말해 그림 4·8과 같이 식염 전해조의 음양 양극 사이에 양이온 교환막을 넣은 것으로 고온의 알칼리에 견딜 수 있도록 불소 수지로 만들어진 특수한 이온 교환막이 사용되고 있다. 이같은 이온 교환막의 개발에 의해 수은을 사용하지 않고도 순도가 높은 수산화나트륨이 공업적으로 제조 가능하게 되었다.

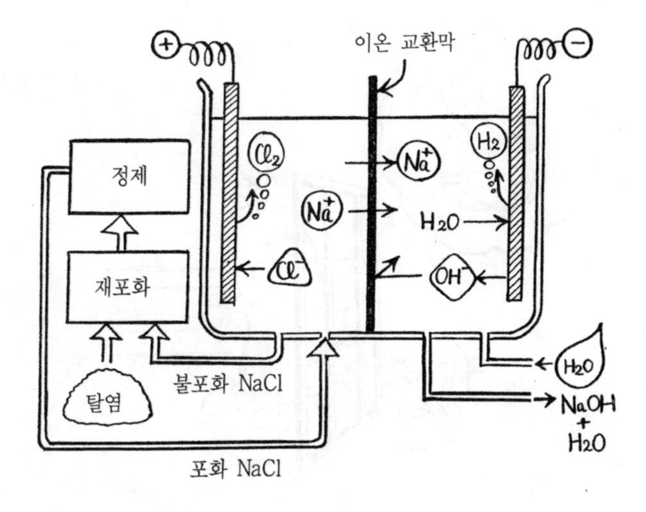

그림 4·8 이온 교환막에 의한 수산화나트륨(NaOH)의 제조

d. 분자 분리

앞에서 합성 제올라이트에 의한 가스의 흡착 작용에 대해서 설명하였다. 합성 제올라이트의 결정(結晶)은 문어항아리와 같은 형태를 하고 있어 항아리 입보다 작은 분자만이 흡착되며 기체 분자의 크기를 구별할 수 있는 능력을 갖고 있다. 이같은 작용은 용액에 대해서도 보여지고 있다. 예를 들어 물에 녹아 있는 여러 가지 크기의 분자 가운데 어느 분자량 이하의 작은 분자만을 흡착하는 흡착제가 개발되었다. 이들을 총칭하여 분자 분리라 하는데 특히 효소, 단백질 등의 생체 고분자 화합물을 무기염 및 저분자 유기 화합물로부터 분리할 때 사용되고 있다.

그림 4·9 분자 분리

세파덱스(sephadex)라는 분자 분리용 흡착제가 있다. 덱스트란이라는 다당류에 에피클로로히드린을 작용시켜 만들어졌으며 그물망 구조의 고분자 화합물로서 물을 흡수하면 청어알과 같은 많은 알맹이의 투명 입자로 된다. 전문 용어로는 겔(Gel)상 입자라 한다.

이 입자는 그물 모양의 고분자 화합물로서 그물망보다 작은 분자는 빠져 나가 겔 입자 안에까지 들어갈 수 있으며, 그물망보다 큰 분자는 겔 입자의 안에 들어갈 수 없다. 또한 그물망 크기는 세파덱스를 제조할 때의 원료 덱스트란과 에피클로로히드린의 혼합비로 적당히 조절할 수가 있다.

지금 효소 중에 섞여 있는 무기 염류를 제거할 경우 먼저 물에 녹이고 그 안에 세파덱스 입자를 넣고 섞어 주면 무기 염류는 세파덱스 입자 안으로 들어가나 효소는 분자량이 크므로 세파덱스 입자에 들어가지 못한다. 거기에서 세파덱스 입자를 분리하면 여액 중에는 효소만이 녹아 있게 된다. 이같은 분리법을 특히 겔 여과법이라 한다.

현재에는 세파덱스 이외에 다수의 분자 분리용 흡착제가 상품화되어 있다.

V. 크로마토그래피에 의한 분리

a. 크로마토그래피

1906년 러시아의 생화학자 츠웨트(Tswett)는 식물의 잎에서 추출한 색소를 정제하기 위해 다음과 같은 실험을 행하였다.

그림 5·1 a와 같이 유리관에 탄산칼슘 분말을 넣고 그 위에 조제한 식물 색소를 넣은 다음 석유 에테르를 위로부터 주입하면 색소층도 점차로 밑으로 이동을 시작한다.

그리하여 처음에는 하나의 성분이라 생각하고 있던 색소가 탄산칼슘 층을 이동하여 가는 사이에 몇 개의 분명한 층으로 나뉘어 각 층이 다른 속도로 이동한다. 잠시 시간이 경과하면 그림 5·1 b와 같이 4성분으로 나뉘며 각 층마다 특징이 있는 색을 갖고 있기 때문에 4성분이 확실하게 분리되는 상태를 육안으로 관찰할 수가 있다.

이 4성분은 그 후 연구 결과, 위로부터 클로로필 b(청록색), 클로로필 a(황록색), 크산틴(황색), 카로틴(오렌지색)임을 알았다.

츠웨트는 이 방법은 클로로필뿐만 아니라 여러 가지의 천연 색소 분리 정제에 응용이 가능함을 밝혔으며 크로마토그래피라 이름을 붙였다. '크로마'는 색을 의미하며 '그래피'는 쓰는 것을 의미하는 라틴어이므로 혼합물의 조성을 착색의 형태로서 표현한다는 의미가 되는 것일까.

츠웨트의 실험에서 유리관에 넣어진 탄산칼슘의 분말은 관 안에서 움직이지 않으므로 이것을 고정상(固定相), 석유 에테르는 탄산칼슘 분말의 틈 사이를 통해 흘러 가므로 이동상(移動相), 그리고 고정상을 채운 유리관을 컬럼(colum)이라 한다.

통상의 화학적 수단(예를 들어 재결정 등)에서는 단일 성분이라 생각했던 식물 색소가 츠웨트 실험에서 어떻게 4성분으로 분

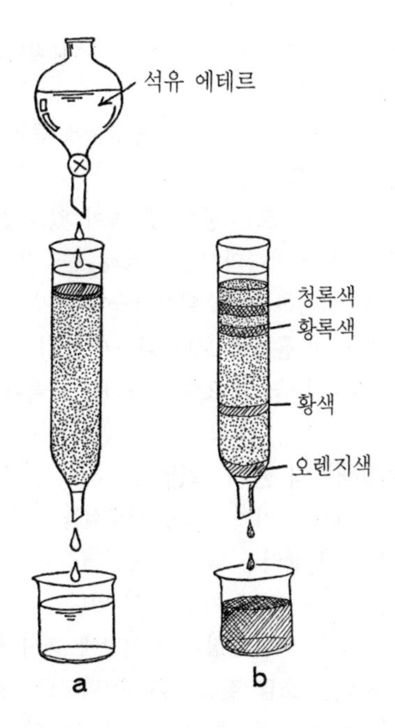

그림 5·1 컬럼 크로마토그래피

류되었는가? 여기에 크로마토그래피의 비밀이 숨겨져 있다.

클로로필은 석유 에테르에 녹는 성질이 있다. 동시에 클로로필은 탄산칼슘 입자 표면에 흡착되어지는 성질이 있다. 그러나 클로로필 a,b는 클로로필 화학 구조가 조금씩 다르게 되어 있으며 또한 크산틴, 카로틴은 클로로필과는 전혀 다른 화학 구조를 갖고 있고 탄산칼슘에의 흡착력에도 조금씩 차가 있다.

따라서 컬럼 상단에서 동시에 석유 에테르에 의해 씻겨 흘러가기 시작한 색소 혼합물은 탄산칼슘에의 흡착력이 보다 강한 성분일수록 흘러 내려가는 속도가 늦어진다. 반대로 보다 흡착력이 약한 성분이 보다 빠르게 밑으로 흘러 간다고 말해도 컬럼에 흘러 떨어지는 석유 에테르는 1분간 수ml 정도의 매우 늦은 유속이므로 그림 5·1 b와 같이 분명하게 분리될 때까지는 수 시간을 기다리지 않으면 안된다.

이 경우, 석유 에테르(이동상)에 녹아 있는 클로로필의 탄산칼슘(고정상)에의 흡착력의 차에 의해 분리가 일어난다. 다시 말해 클로로필 b(청록색)가 탄산칼슘에 매우 강하게 흡착되어 카로틴(오렌지색)의 흡착이 보다 약하게 된다.

이 상태는 술꾼의 술버릇으로 비유하면 다음과 같다.

크로마토그래피의 원리 설명

여기에 하모니카 거리가 있다. 사무실들과 역이 근접해 있기 때문에 초저녁부터 샐러리 맨들로 북적거리고 있다.

좁은 길 양측에는 술집들이 줄지어 있다.

동기 입사인 세 명의 과장이 오랫만에 회사 출구에서 우연히 만났다. 한 사람은 소금 절인 야채를 먹고도 취해 보이는 경리부의 이시베(石部) 과장, 한 사람은 단맛, 쓴맛을 보여주는 인사부의 미야모토(官本) 과장, 또 한 사람은 사내(社內)에서도 유명한 술꾼 중의 술꾼 영업부의 홋타(堀田) 과장이다.

지금은 회사 퇴근 때이므로 사람들은 거의 일방적으로 거리를 지나 역으로 가고 있다. 세 사람의 과장도 이 사람들과 함께 거리로 들어섰다.

홋타 과장은 거의 매일 밤 사람들 접대로 이 시간에 귀가하는 것은 생각할 수도 없는 일이다. 거리에 들어서자 양측의 네온이 반짝반짝 빛나고 있어 이대로 지나칠 수 없다는 예감이 든다.

홋타 과장이 드디어 말문을 열었다.

"여보게들 동기 셋이 어울릴 기회가 없으니 한 잔 같이 하지

그림 5·2 크로마토그래피의 원리는 술꾼의 술버릇으로 설명. 사람들 각각의 술집과의 관계에 따라 하모니카 거리로 나오는 시간에 차가 있다.

않겠는가?"하고 대답도 듣기 전에 거리 입구에 가까운 카페에 들어갔다. 미야모토 과장도 1차 정도는 같이 하지 않으면 안되겠다는 생각에 홋타 과장을 따라 들어갔다.

이시베 과장만은 "여보게들, 미안하지만 아이가 병이 나 빨리 돌아가지 않으면 안되기 때문에 먼저 실례하네."하고 두 사람과 헤어져 사람들 틈에 껴 역으로 급히 갔다.

미야모토 과장은 1차 정도만 어울릴 생각으로 홋타 과장을 따라 갔으나 다른 집, 다른 집으로 옮기며 결국 3차까지 따라가게 되었다. 드디어 홋타 과장이 화장실에 간 사이에 빠져 나와 하모니카 거리를 통과해 나오는 데만 2시간이나 걸렸다.

하모니카 거리에서 가장 늦게 나온 사람은 말할 것도 없이 홋타 과장이다.

그가 술집을 나선 것은 마지막 전차를 겨우 탈 수 있는 시간, 아마도 5시간 정도는 하모니카 거리에서 있었지 않았겠는가?

이 세 사람 과장의 행동을 크로마토그래피의 단어로 바꿔 말하면 귀가를 급히 서두르고 있는 사람들의 인파가 이동상(移動相)이며, 이 사람들 속에 세 사람의 과장이 시료로서 비유되어 하모니카 거리가 컬럼에 해당하며 줄지어 있는 술집 등이 고정상(固定相)이다.

하모니카 거리를 통과하는 속도는 이시베 과장, 미야모토 과장, 홋타 과장순이며, 이것은 세 사람 과장의 술집에 대한 관심사(상호 작용의 세기)에 반비례한다.

술집에 전혀 무관심한 이시베 과장은 귀가를 서두르는 사람들(이동상)과 같은 속도로 거리를 빠져 나간다. 술집에 미련이 많은 사람일수록 거리를 빠져 나가는 데 시간이 걸린다. 다소 관심이 있는 미야모토 과장은 2시간, 가장 관심이 깊은 홋타 과장은 5시간이 걸렸다. 단골 아가씨가 있는 술집에라도 들어 갔다면 그 술집에 주저앉아 버렸을 것이다. 이것은 크로마토그래피에서 시료와 고정상과의 상호 작용이 너무 세면 시료는 컬럼 상부에 멈추고, 어느만큼 이동상을 흘려 보내도 시료가 컬럼에서 나오지 않는 경우와 같다.

이같이 하모니카 거리를 통과하는 사이에 술집에의 미련의 세기 정도에 의해 세 사람의 과장이 거리에 들어섰을 때는 함께였지만 나갈 때는 따로따로 헤어졌다. 크로마토그래피에서의 분리 비밀은 여기에 있는 것이다.

여러 가지의 크로마토법

크로마토그래피의 어원은 앞에서 설명한 것처럼 착색 물질의 분리에 응용되어진 것처럼 기인하나, 이 분리법은 착색 물질의 분리에만 한정된 것은 아니다.

색은 어떻게 되어도 괜찮은 것으로 나중에 설명하겠지만 분리의 원리와는 관계가 없다.

츠웨트 실험에서는 색소의 분리였으므로 컬럼 상에서 충분히 분리가 이루어졌을 때에 석유 에테르의 주입을 멈추고 착색 부분을 덜어 내어 색소를 회수할 수 있었다.

그의 실험에서도 점점 석유 에테르를 주입하면 각각의 착색 부위가 컬럼의 하단에서 흘러 내려옴으로 이것을 다른 용기에 채취하면 된다. 이 방법을 유출 크로마토법이라고도 하며 무색의 물질 정제에도 응용되고, 현재에는 크로마토그래피라 하면 대부분의 경우 유출 크로마토법에 의한 것이다.

그리고 츠웨트의 실험에서는 이동상은 석유 에테르라는 액체였다. 일반적으로 이동상이 액체인 경우 이것을 액체 크로마토그래피라고 한다. 이것에 대해 이동상이 기체인 경우도 있어 이것을 가스 크로마토그래피라 한다.

크로마토그래피는 이동상 중의 시료와 고정상과의 상호 작용에 있어 아주 작은 차이를 이용하여 시료의 분리를 행하는 것으로 증류, 재결정, 그 외에 통상의 분리 정제법으로 분리할 수 없는 것도 비교적 가벼운 조건(온도, 압력 등)에서 분리가 가능하므로 현재 광범위한 분야에서 응용되어지고 있다.

하모니카 거리에서 세 사람의 과장이 따로따로 헤어진 원인은 과장(試料)의 술집(固定相)에 대한 미련(未練) 강도(상호 작용)의 차이에 있으나 크로마토그래피에서는 이동상 중의 시료와 여러 가지의 원리가 응용되고 있다. 액체 크로마토그래피에서는 고체 표면에의 시료의 흡착, 겔 입자에의 분자 분리 흡착, 이온 교환 수지에의 이온 교환 흡착, 또는 상호간에 섞이지 않는 액

표 3. 크로마토그래피의 종류

이동상	고정상	상호 작용	명 칭	
액체	고체(흡착제)	흡착	액고 흡착 크로마토그래피	액체 크로마토그래피
액체	고체(분자 분리)	확산 침투	분자 분리 액체 크로마토그래피	
액체	고체(이온 교환 수지)	이온 교환	이온 교환 액체 크로마토그래피 (이온 크로마토그래피)	
액체	액체	분배	액액 분배 크로마토그래피	
기체	고체(흡착제)	흡착	기고 흡착 크로마토 그래피	가스 크로마토그래피
기체	액체	분배	기액 분배 크로마토그래피	

체간에 있어 시료의 분배 등의 상호 작용이 있다.

그리고 가스 크로마토그래피에서는 이동상 기체 중의 시료의 고체 표면에의 흡착, 분자 분리 흡착, 또는 기체·액체간에서 시료의 분배 등의 상호 작용이 있다.

이와 같은 관계를 요약하면 표 3과 같다.

다음에는 이 분류에 따라 각각의 크로마토그래피의 특징에 대해 설명하기로 한다.

b. 액체 크로마토그래피

b·1 액고(液固) 흡착 크로마토그래피

이동상의 액체에 녹아 있는 시료 혼합물의 고정상으로서 컬럼에 차 있는 분말의 흡착력 차를 이용하여 시료를 분리하는 방법으로 츠웨트의 실험은 전형적인 흡착 크로마토그래피이다.

탄산칼슘의 컬럼 위에 놓여진 식물 색소는 탄산칼슘의 입자 표면에 흡착되어진다.

한편, 이동상으로서 이동하는 석유 에테르는 흡착되어진 식물 색소를 용해시키려 한다. 식물 색소의 고정상에의 흡착력과 석유 에테르에 의한 식물 색소의 용해력의 균형에 의한 위치에 각 색소가 층을 형성하게 된다. 탄산칼슘에 대해 클로로필 b가 보다 강하게 흡착하며 클로로필 a, 크산틴이 이 뒤를 따른다.

카로틴의 흡착은 아주 약하며 이동 속도가 매우 느리다.

만약, 탄산칼슘 대신에 보다 흡착력이 강한 활성 알루미나(산화알루미늄)의 분말을 컬럼에 주입시켜 같은 실험을 행하면 어떻게 될 것인가? 대체로 식물 색소는 4성분 모두가 알루미나에 강하게 흡착되어 어느만큼 석유 에테르를 주입하여도 시료는 컬

그림 5·3 흡착 크로마토그래피. 컬럼에 채워 있는 분말에의 흡착력차를 이용하여 시료를 분리.

럼의 상부에 머무른 채 있게 될 것이다.

한편, 탄산칼슘의 컬럼을 사용하여 이동상의 용매를 석유 에테르에서 클로로포름으로 바꿔보면 어떻게 될까?

석유 에테르에 비해 클로로포름은 용해력이 강하기 때문에 컬럼 상부에 놓여진 식물 색소의 혼합물은 클로로포름을 주입하면 탄산칼슘에 흡착되지 않고 클로로포름과 함께 컬럼을 통과하고 마는데 이 경우도 분리는 일어나지 않는다. 이같이 흡착 크로마토그래피에서는 시료의 고정상에의 흡착력과 시료의 이동상에의 용해력이 용이하게 균형을 이루어 처음으로 시료의 분리가 가능하게 된다.

예를 들어 흡착 크로마토그래피로서 사용되는 흡착제를 흡착력이 강한 것으로부터 나열해 보면 다음과 같다.

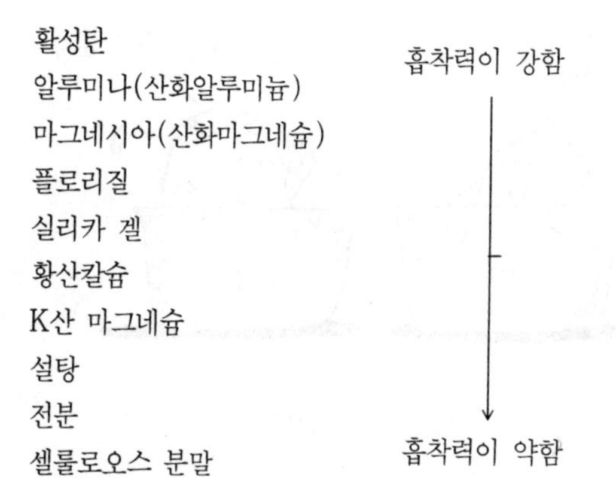

또한 이동상 액체에 의한 시료의 용해력에 대해서는 화학적으로 비슷한 분자 구조 물질이 잘 녹는다고 하는 원칙이 있다. 그리하여 분자 구조를 편의상 극성의 대소(大小)로서 구별한다.

극성이란

극성이란 한마디로 말해 물, 초산 등에 녹기 쉬운 화합물을 극성이 큰 분자라 말한다. 이같은 화합물을 분류하면 극성이 큰 화합물은 서로 아주 친하다.

또한 극성이 작은 화합물도 서로 친하다. 그러나 극성이 큰 화합물과 극성이 작은 화합물은 서로 친하지가 않다.

예를 들어, 설탕은 극성이 큰 화합물이며 물은 극성이 큰 액체이므로 설탕은 물에 잘 녹는다. 그러나 가솔린과 같은 극성이 작은 액체에는 녹지 않는다.

한편 왁스는 극성이 작은 화합물이므로 극성이 작은 가솔린에는 녹으나 극성이 큰 물에는 녹지 않는다.

흡착 크로마토그래피의 이동상에 사용되는 액체를 극성이 큰 것부터 나열하면 다음과 같다

그림 5·4 극성이란

초산	
물	↑
메탄올	극성이 크다
에탄올	
n-프로판올	
아세톤	
피리딘	
초산에틸	
디에틸 에테르	
클로로포름	
염화메틸렌	
벤젠	
4염화탄소	극성이 작다
시클로헥산	↓
석유 에테르	

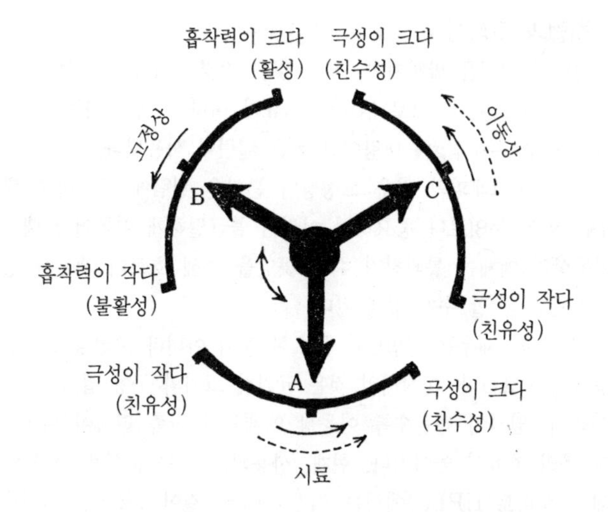

그림 5·5 흡착 크로마토그래피에서의 고정상, 이동상의 선택 기준. 화살표 A를 시료의 극성에 맞추었을때 화살표 B, C가 고정상, 이동상이 된다.

그러므로 시료의 극성 대소에 따라 위의 나열한 것 중에서 적당한 흡착제(고정상)와 용매(이동상)를 선택하지 않으면 안된다. 예를 들어 그림 5·5에 나타낸 것과 같이 회전 다이어그램(diagram)은 이들 선택의 가이드 역할을 할 것이다.

다시 말해 극성이 비교적 작은 시료를 흡착 크로마토그래피에 적용할 때에는 고정상으로는 비교적 흡착력이 큰 것을 선택하고 이동상으로는 비교적 극성이 작은 액체를 선택할 필요가 있다.

한편, 극성이 비교적 큰 시료의 경우는 비교적 흡착력이 작은 고정상, 비교적 극성이 큰 이동상을 선택할 필요가 있다.

컬럼과 고정상

컬럼의 크기를 말하자면, 작은 것은 직경 수mm에서 큰 것은 수십cm까지 일반적으로 말하여 시료가 미량일 때는 가는 컬럼, 시료가 수g~수십g의 대량이면 굵은 컬럼이 사용된다.

크로마토그래피의 경우 고정상의 분말을 컬럼에 균일하게 채우는 일이 무엇보다 중요하며 이것이 불균일하게 이루어질 때는 이동상의 액체는 통과하기 쉬운 곳만을 통해 흐르기 때문에 정확한 분리를 할 수가 없게 된다.

고정상의 채우는 방법만이 중요한 것이 아니라 고정상의 분말 형상도 중요하다. 이상적인 것은 균일한 크기의 구형 입자이다.

특히, 입경이 작을수록 이동상 액체와의 접촉 면적이 넓어지며 분리 효율이 높아진다. 현재, 사용되고 있는 분석용 고속 액체 크로마토(HPLC)에서는 직경 4mm, 길이 15cm의 컬럼에 입경 5μm 의 고정상을 충전시킨 것이다.

이와 같은 미립자 충전제를 채운 컬럼에서는 이동상의 액체를 흐르게 할 경우에는 매우 높은 압력을 필요로 하며, 예를 들어 앞에 서술한 컬럼에서는 1cm^{2}당 72kgf / m^{2}의 압력에서 이동상의 액체를 컬럼에 송입한 경우, 이 유속은 매분 2.0ml 정도가 된다.

입경이 크게 되면 이동상의 액체도 흐름이 쉬워지며 50~100mesh 정도의 굵은 입자의 경우에는 길이 1m 정도의 컬럼에서도 이동상은 중력에 의해 자연히 흐르게 된다. 다만, 입경이 크게 되면 분리 능력은 떨어지며 정밀한 분리는 어렵다.

분석용 고속 액체 크로마토의 장치

일반적으로 수mg도 아닌 수μg의 미량의 시료가 순수한 단일 성분인가 혹은 다성분의 혼합물인가를 조사하는 데에는 앞에서

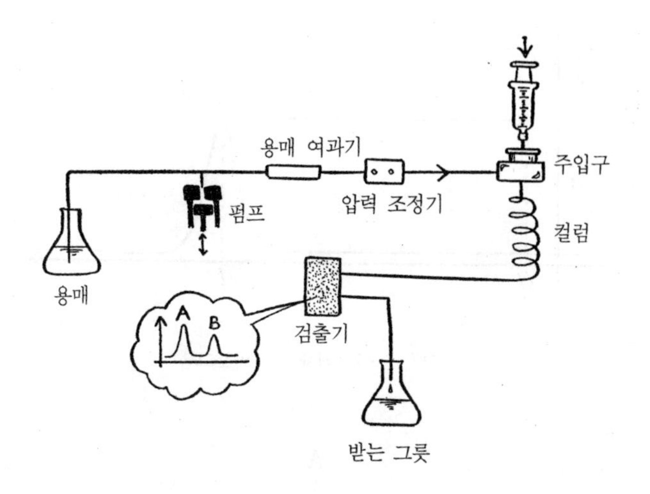

그림 5·6 분석용 고속 액체 크로마토 장치

설명한 분석용 고속 액체 크로마토(HPLC)가 사용된다. 그 장치를 그림으로 나타낸 것이 그림 5·6이다.

컬럼에 일정 압력으로 이동상 액체가 송입되어 이 안으로 컬럼 입구로부터 시료가 주입되면 시료는 이동상 액체와 함께 컬럼에 흘러 들어간다. 컬럼 안에서 분리가 일어나 고정상과의 상호 작용이 약한 것부터 먼저 컬럼으로부터 나오게 되어 검출기로 들어간다. 검출기에서는 이동상 액체 중에 시료 성분이 섞여 있는 경우 이것을 물리적 성질의 변화로 받아들여 전기 신호로서 기록계로 보낸다. 단일 성분을 시료로서 주입한 경우 그 크로마토그램은 그림 5·7과 같이 된다. 다시 말해, 시료를 주입한 후 t초 후에 시료가 컬럼으로부터 나온 것을 검출기가 검지하면 기록계의 바늘이 움직인다. 이 신호는 기록지에는 하나의

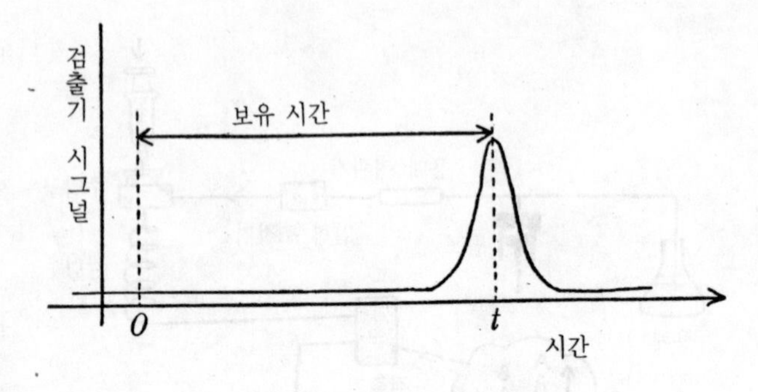

그림 5·7 액체 크로마토그램

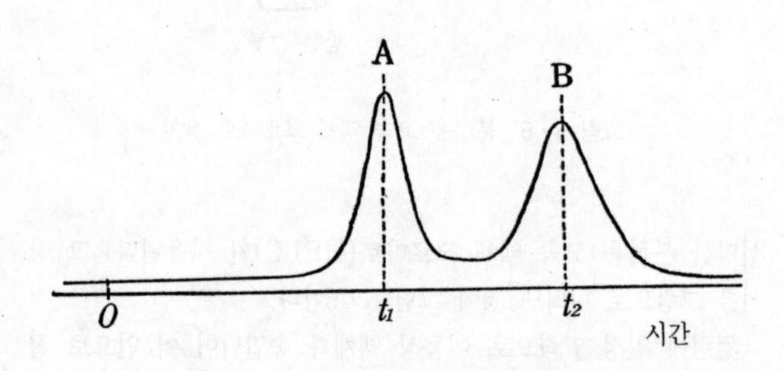

그림 5·8 2성분 액체 크로마토그램

산(山) 형태의 곡선형으로 기록되며 이 산을 피크라 한다.

맨 꼭대기까지 이르는 시간을 보유 시간이라 하며, 이동상 액체의 유속이 일정하면 동일 컬럼, 동일 이동상 액체의 조건에서는 보유 시간은 일정하다. 시료와 고정상과의 상호 작용이 강하면 보유 시간은 길어지며 상호 작용이 약하면 시간은 짧아진다. 따라서 상호 작용의 세기가 다른 시료의 혼합물을 주입하면 각각의 보유 시간이 다르므로 크로마토그램은 그림 5·8과 같이 되어진다. 다시 말해 A성분과 B성분의 정점(頂点)이 따로따로 표시되므로 시료는 2성분으로 되어짐을 알 수가 있다.

여러 가지 검출기의 원리

검출기에 대해 말하자면 여러 원리의 검출기가 사용되어지고 있다. 예를 들어 착색 성분이면 시료의 성분에 의해 가시광선이 흡수되어지므로 흡광광도 검출기가 사용되고 있다. 눈으로 보아서 착색되어 있지 않더라도 자외선을 흡수하는 화합물은 많이 있기 때문에 이같은 경우에는 자외 흡광광도 검출기가 사용되고 있다. 의약품의 분석 및 단백질, 효소의 분리를 위해 액체 크로마토그래피가 자주 사용되고 있다.

자외선과 가시광선을 흡수하는 성질이 없는 성분 검출에는 시차(示差) 굴절 검출기가 사용된다. 이것은 이동상 액체에 시료 성분이 녹아 있으면 굴절률이 변하므로 이동상 액체인 경우만의 굴절률차를 검출하는 장치이다. 만능적인 검출기인 반면에 검출 감도가 별로 높지 않다. 또한, 아주 미량성분의 검출, 예를 들어 혈액 중의 미량의 효소 및 호르몬의 분리 등에는 형광 검출기가 사용되어지기도 한다. 형광이란 어떤 파장의 빛을 물질에 비추었을 때 조사광(照射光)으로부터 장파장(長波長)의 빛이 그 물질로부터 방사(放射)하는 현상으로 목욕탕에 넣는 입욕제(入浴劑)가 녹아서 녹색으로 빛을 발하는 것도 입욕제에 들어 있는 훌오레세인이라는 색소의 형광에 의한 것이다.

따라서, 원래의 형광성이 있는 시료에 대해서는 형광 검출기가 매우 편리한 검출기이며 형광성이 없는 시료에 대해서도 그것을 형광성 화합물로 바꾸면 형광 검출기로써 검출할 수가 있다. 아주 약한 형광도 검출할 수가 있으므로 형광 검출기는 미

그림 5·9 훌오레세인은, 본래 형광성이 아닌 시료를 형광성으로 바꾸는 형광 라벨화제

량의 성분 분리 분석에 유용하다.

본래 형광성이 아닌 시료를 형광성으로 바꾸기 위한 시약을 형광성 라벨화제라 말하며 라벨화제를 이용하면 10^{-12}mole의 미량도 검출이 가능하다.

이같은 고속 액체 크로마토그래피(HPLC)는 아주 미량의 시약 분리 분석에 매우 편리한 장치로서 의약품, 식물 성분 또는 생체 내의 효소, 단백질의 분석에 커다란 위력을 발휘하고 있다.

대량의 시료 분리에는 분취 크로마토

한편, 수g~수십g의 대량 시료에 대해서 이것을 각 성분으로 분리 또는 공존하는 불순물을 분리하여 주성분을 순수하게 정제하는 데는 커다란 컬럼의 액체 크로마토에 의하지 않으면 안된다. 이것을 분취 크로마토라 하며, 직경 수cm~수십cm, 길이 수십cm~수m에 달하는 커다란 컬럼이 사용된다.

고정상의 충전물이 큰 경우에는 이동상 액체는 중력에 의해 자연히 흘러가나 컬럼이 길고 충전물의 입자가 작은 경우에는 이동상 액체는 펌프에 의해 압입하지 않으면 안된다. 일반적으로 입자가 작을수록 분리 효율은 증대된다. 효소, 단백질, 의약품 등의 생산에는 이같은 대형의 컬럼 크로마토가 응용되어진다.

b · 2 액액 분배 크로마토그래피

앞에서 용매 추출에 의한 분리에 대해 설명을 하였으나 액액 분배 크로마토그래피는 용매 추출의 원리를 크로마토그래피에 응용한 것이라 말할 수 있다.

경유와 물을 병에 넣고 아무리 섞어도 잠시 방치하면 경유와 물은 두 층으로 분리된다. 경유가 물보다 가벼우므로 물층이 밑에, 경유층이 위로 구성된다. 이같은 액체를 서로 혼합되지 않는 액체라 한다.

이 안에 설탕을 넣고 섞으면 설탕은 물에 용해되나 경유에는 용해되지 않으므로 결국 상층의 경유와 하층의 설탕물로 분리된다.

한편, 물 안에 식용유를 넣고 섞어 주면 식용유는 물에 용해되지 않고 경유에 용해되므로 잠시 후에는 식용유가 용해된 경유층이 위에, 물이 하층으로 이루어진다.

식초의 주성분인 초산은 물에 잘 용해되며 경유에도 약간은 용해된다. 따라서 식초를 한 스푼 넣고 섞은 후에 방치해 두면 대부분의 초산은 하층의 물에, 일부 초산은 상층의 경유에 용해된다.

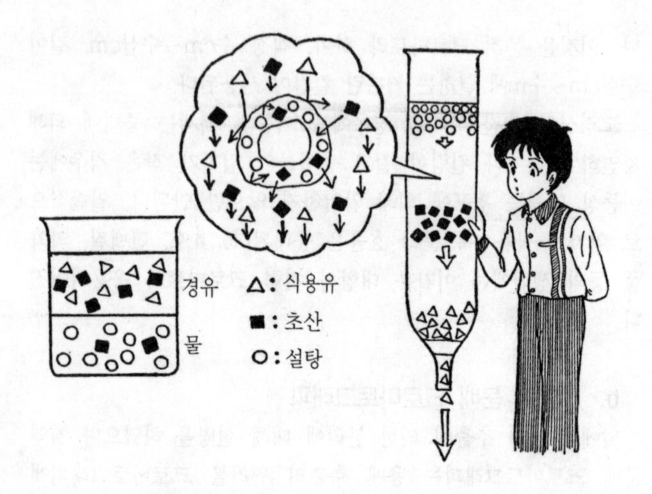

그림 5·10 액액 분배 크로마토그래피

이같이 서로 섞이지 않는 두 액체에 어떤 시료가 동시에 용해되는 일을 분배(分配)라 한다.

이 경우 초산이 물과 경유에 용해하는 농도 배율은 일정하며 이것을 분배 계수라 한다. 같은 유기산에서도 구연산 및 주석산은 서로 다른 분배 계수를 갖고 있다. 분배 계수는 시료의 분자 구조, 분배하는 두 가지 액체의 성질에 의해 정해진다.

지금, 서로 혼합되지 않는 두 액체 중 하나에 적신 입자를 컬럼에 충전시키고 다른 한 액체를 이동상으로 흐르게 하는 경우를 생각해 보자. 예를 들어 실리카 겔 입자를 물에 적시어 컬럼 안에 채우고 경유를 이동상 액체로서 컬럼에 흐르게 하는 경우이다.

이와 같은 계(系)에서 경유의 흐름에 설탕물을 주입하였다고 하면 설탕은 경유에 전혀 용해되지 않으며 물에 잘 용해되므로 고정상의 물에 분배된 그대로 아무리 경유를 흐르게 해도 설탕은 컬럼의 상부에 머무른 채로 움직이지 않는다. 한편, 식용유를 주입한 경우는 식용유는 물에 용해되지 않고 경유에 용해하므로 이동상의 경유에 용해된 그 상태로 컬럼을 통과하게 된다. 초산, 구연산, 주석산 등과 같이 양쪽으로 분배하는 것은 고정상 액체로의 분배 계수가 클수록 늦게 컬럼으로부터 나온다.

다시 말해, 흡착 크로마토에서는 시료의 고정상에의 흡착력의 대소로 분리가 이루어지는 것에 대해 분배 크로마토에서는 시료의 고정상, 이동상 양(兩)액체에의 분배 계수 대소에 의해 분리가 이루어진다. 고정상 액체에의 분배 계수가 큰 것일수록(고정상 액체에 쉽게 용해하는 것) 컬럼 내의 이동 속도가 늦으며 컬럼 출구로부터 늦게 나오게 된다.

고정상, 이동상의 여러 조합

위에 열거한 예(例)에서는 경유와 같은 유기 용매가 이동상, 물이 고정상이었다. 이 분배 크로마토는 친유성의 성분 분리에 적합하다.

이것에 대해 이동상이 물, 고정상이 유기 용매로 하는 조합도 있다. 이 계(系)는 친수성이 시료 분리에 편리하며 전자의 계를 순상(順相) 분배 크로마토라 하고 후자의 계는 역상(逆相) 분배 크로마토라 말하며 효소, 단백질, 의약품 등 물에 용해하기 쉬운 시료의 분리 정제에 널리 이용되고 있다.

분배 크로마토에서는 이동상도, 고정상도 액체인 것이 특징이다. 앞에서 설명한 것처럼 실리카 겔을 물에 적시고 적셔진 물이 고정상 액체로서 사용된다.

실리카 겔과 같이 고정상의 액체를 보존 유지시키는 역할을

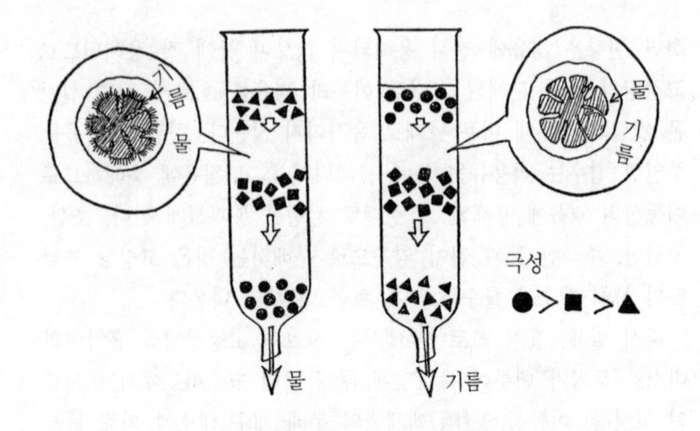

그림 5·11 순상 분배 크로마토와 역상 분배 크로마토

하는 물질을 고정상 담체(擔體)라 말하며 단단하고 표면적이 큰 미립자, 예를 들면 실리카 겔 및 규조토 등이 자주 사용되고 있다. 역상 크로마토의 고정상 담체는 기름에 젖기 쉬운 물질을 사용하지 않으면 안되므로 고무 분말 및 표면을 친유성으로 가공한 실리카(산화규소) 입자 등이 사용되고 있다.

분배 크로마토의 원리에 의한 고속 액체 크로마토(HPLC)도 널리 이용되고 있으나 이 경우 고정상의 컬럼 충전물에는 특히 미립자의 구상 담체가 사용된다. 예를 들어 순상 분배 크로마토에서는 입경 30μm 정도의 유리 구표면에 두께 1μm 정도의 실리카 겔 박층(薄層)을 만들어 물을 깊이 스며들게 한 것이 있다.

또한 역상 분배 크로마토에서는 이 실리카 겔의 표면에 경유

등과 분자 구조가 비슷한 옥타데실기 등을 화학 반응에 의해 만들어진 친유성 컬럼 충전물 등이 알려져 있다. 고정상 액체로서 담체 분말을 입힌 것에 비하여 화학 결합으로 만들어진 고정상 액체는 매우 수명이 길며 안정된 크로마토 분리가 가능하다.

b · 3 분자 분리 크로마토그래피

단백질 및 효소와 같은 생체 관련 물질과 플라스틱, 고무, 합성 섬유와 같은 합성 화학 제품을 일반적으로 고분자 화합물이라 하며 분자량이 수만~수백만에 달하는 것이 있다. 이들의 고분자 화합물을 분자량의 크기에 따라 분리하는 데에 편리한 것이 분자 분리 크로마토그래피이다.

분자를 크기에 따라 분리하는 것이지만 고분자 화합물을 그 분자량의 크기에 따라 분리하는 것은, 콩과 팥으로 분리하는 것만큼 간단하지는 않다.

분리에 있어서는 겔을 사용한다. 겔은 앞에서 설명한 것처럼 실 상(絲狀)의 분자가 그물망처럼 이루어진 것으로 겔의 제조법에 의해 아주 작은 크기의 망에서부터 큰 망에 이르기까지 다양하게 만들 수가 있다. 물론, 인간의 눈으로는 망의 크기가 보이지 않으며 식품의 건조제에 사용하는 실리카 겔의 입자와 같은 겉모양에 지나지 않는다.

앞의 흡착에서 분자 분리에 대해 설명하였으며 이 현상을 크로마토그래피에 응용한 것이다. 고분자 화합물과 저분자 화합물을 나누는 데에는 분자 분리의 원리를 응용한 겔 여과법으로 가능하나, 고분자 화합물의 혼합물을 분자량의 크기에 따라 분리하기 위해서는 분자 분리 크로마토에 의하지 않으면 안된다.

생화학자는 단백질 및 효소를 분자량의 크기에 따라 분리하는 데에 있어 분자 분리 크로마토그래피를 이용하며, 고분자 화학

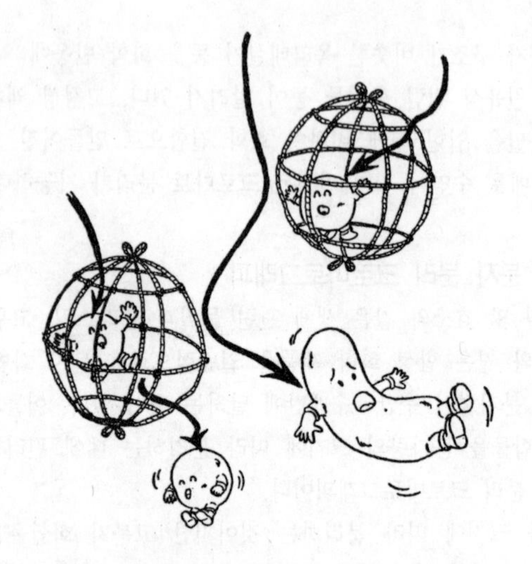

그림 5 · 12 분자 분리 겔 크로마토그래피

자는 합성 고분자 화합물의 분자량의 차이를 분자 분리에 의해 고찰한다. 연구 발전의 역사가 짧은 관계로 생화학자는 겔 크로마토그래피라 말하며 고분자 화학자는 '겔 침투 크로마토그래피' (Gel Permeation Chromatography : GPC)라 말하고 있으나 어느 쪽도 원리적으로는 분자 분리 크로마토이다.

단백질 및 효소 등과 같이 수용성의 고분자 화합물의 상호 분리에는 이동상에 수용액, 고정상에는 친수성 겔 입자가 사용되고 있다.

세파덱스란

분자 분리 크로마토용의 친수성 겔로 가장 유명하고 역사가 오래된 것이 앞에서도 서술한 세파덱스다. 세파덱스는 스웨덴

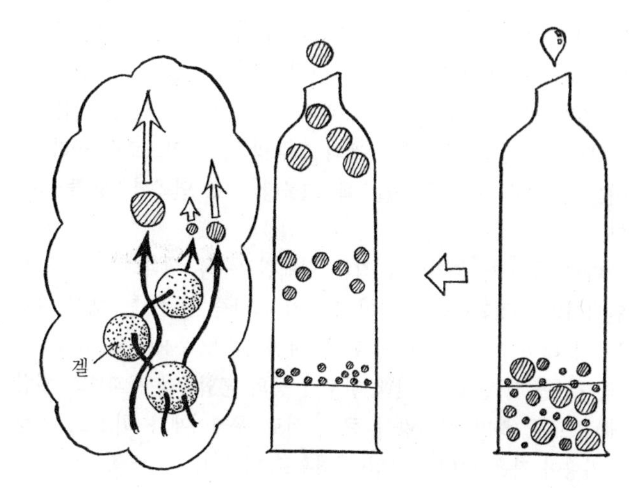

그림 5·13 겔 크로마토그래피. 커다란 분자는 그대로 통과해 버리지만, 작은 분자는 겔의 그물망 구조 안에 들어와 지정거린다.

웁살라대학에서 개발된 친수성 고분자 겔이다. 당분이 있는 씨의 박테리아가 작용하여 생긴 덱스트란이라는 다당류를 원료로 하여 만들어진다.

덱스트란은 분자량이 많은 실 모양의 고분자 화합물로 물에 녹으면 물엿처럼 되지만 이것에 에피크롤히드린이란 약품을 반응시켜 3차원 그물망 구조의 고분자 화합물로 만들면 물에 녹지 않고 한천(寒天)과 같은 겔이 된다. 제품 공정을 공부하면 하나하나의 겔을 물고기알과 같은 둥그런 모양의 겔 입자로 만들 수가 있다. 건조한 세파덱스 입자를 물 가운데에 놓으면 입자는 물을 빨여들여[팽윤(膨潤)한다라고 함] 하나하나의 입자는 반투명한 겔이 된다.

이러한 겔 입자를 컬럼에 주입한 후 단백질의 수용액을 흘렸다고 하자. 세파덱스의 그물망 안에 들어가지 않는 커다란 분자는 컬럼 안을 원래 그대로 통과해 버릴 것이다. 한편, 작은 분자량의 단백질은 세파덱스 겔의 그물망 구조 안으로도 몰려 들어올 것이다. 작은 분자일수록 그물망 구조 안쪽까지도 들어온다.

다시 말하면, 분자량이 작은 단백질일수록 세파덱스 겔 입자 안에서의 지정거리는 시간이 길어져 그만큼 컬럼 출구에서 나오는 데 더욱 시간이 걸리게 된다. 예를 들면, 우레아제, 카탈라아제, 소 혈청, 알부민, 난백 알부민 등의 혼합물을 세파덱스 컬럼에 흐르게 하면 분자량이 큰 순서로 우레아제가 최초로, 가장 분자량이 작은 난백 알부민이 최후로 나온다.

겔의 그물망이 조밀할수록 통과하는 고분자 화합물의 분자량은 작아진다. 바로 이 경계에 있는 분자량을 배제 한계라고 하는데, 배제 한계보다 큰 분자량의 고분자 화합물은 겔 내에 들어오지 않고 컬럼을 그대로 통과한다.

세파덱스 겔의 그물망 구조의 조직은 원료의 덱스트란에 에피크롤히드린을 반응시킬 때의 덱스트란과 에피크롤히드린의 혼합비에 의해 여러 가지로 변할 수 있으므로 표 4에 나타낸 것처럼 각 단계의 배제 한계를 가진 세파덱스 입자가 시판되고 있다. 또한, 그물망 크기에 의해 분별할 수 있는 분자량의 범위도 자연히 정해진다.

여러 가지의 친수성 겔

세파덱스의 성공에 자극되어 각종 친수성 겔이 분자 분리 크로마토용 고정상으로서 개발되어 왔다. 예를 들면, 아크릴아미드를 가교제(架橋制)와 함께 고분자화시킨 폴리아크릴아미드 겔

표 4. 세파덱스의 형태와 특성

형 태	겔 안에 확산할 수 있는 분자량*(배제 한계)	흡 수 율 〔g수 / g건조 겔〕	팽 윤 도 〔ml / g 건조 겔〕	입자 크기 〔μ〕
세파덱스 G-10	700	1.0±0.1	2~3	40~120
세파덱스 G-15	1500	1.5±0.1	2.5~3.5	40~120
세파덱스 G-25	5000	2.5±0.2	5	20~80, 100~300
세파덱스 G-50	10000	5.0±0.3	10	20~80, 100~300
세파덱스 G-75	50000	7.5±0.5	12~15	40~120
세파덱스 G-100	100000	10.0±1.0	15~20	40~120
세파덱스 G-150	150000	15.0±1.5	20~30	40~120
세파덱스 G-200	200000	20.0±2.0	30~40	40~120

* 분자량보다 분자의 모양과 크기에 의하므로 개산치임.

그림 5·14 유기 용매에만 녹는 합성 고분자 화합물의 분리에는 유기 용매에서 팽윤하는 겔을 갖고 있다.

입자, 한천의 주성분인 아가로즈를 구상(球狀) 입자로 성형한 것, 또는 가교 폴리스티렌 합성 수지 입자를 친수성에 가공한 것 등이 차례로 도입되어 수용성 고분자 화합물의 분리, 정제에 넓게 사용되고 있다.

한편, 폴리염화비닐, 폴리에틸렌, 폴리스티렌 등의 합성 고분자 화합물은 모두 물에 녹지 않으므로 이들 고분자 화합물을 분자량의 대소로 분리, 정제하는 데는 친수성 겔에 의한 분자 분리 크로마토는 응용할 수 없다. 이들 합성 고분자 화합물은 유기 용매에 밖에 녹지 않으므로 분리 컬럼에도 유기 용매에 친숙한, 다시 말하면 유기 용매에 팽윤하려는 겔을 갖지 않으면 안된다. 예를 들면, 가교 폴리스티렌 구상 입자가 이 목적에 이용된다.

이것은 폴리스티렌이란 실 모양의 고분자 화합물을 서로 이어서 3차원 그물망 구조로 한 것으로 물, 알코올에서는 팽윤하지 않지만, 벤젠, 클로로포름, 테트라히드로프란등의 유기 용매에서 팽윤되어 원형의 겔 입자가 된다. 이 겔을 컬럼에 충전하여 유기 용매에 녹인 고분자 화합물을 흘리면 분자량이 큰 것부터 차례대로 유출된다.

폴리스티렌 겔은 가벼우므로 HPLC 컬럼에 넣어져 고압에서의 사용도 가능하다. 겔의 그물망 밀도에 의해 배제 한계도 분자량 1600~4000만에 달하는 겔이 만들어지며 합성 고분자 화합물의 혼합물에 대하여 어떤 분자량의 것이 얼마만큼의 비율로 포함되어 있는가, 즉 분자량 분포의 특성을 명백하게 하는 데에는 불가결한 분리, 분석의 수단이다.

b · 4 이온 교환 크로마토그래피

4장 C에서 이온 교환 수지에 대하여 서술했다. 용액 중의 양이온은 양이온 교환 수지에 흡착되고 음이온은 음이온 교환 수지에 흡착된다. 그럼에도 불구하고, 이온 교환 수지로의 이온 흡착 방법은 이온 크기, 전하수, 용액의 pH(페하 : 수소 이온 농도 지수로 산성, 알칼리성의 정도를 나타냄) 등에 의해 크게 변화한다.

여기서, 예를 들면 양이온 교환 수지의 입자를 충전한 컬럼의 윗부분에서 각종 양이온의 혼합물을 흐르게 하면 이온 교환 흡착력의 강약에 의해 컬럼중인 이동 속도에 차가 생긴다. 이것은 다른 크로마토그래피와 같고 이온 교환 수지에 가장 흡착되기 쉬운 이온이 최후에 나오게 되며 이러한 원리로 양이온 상호를 분리할 수가 있다. 예를 들어, 무기 이온의 양이온 교환 수지에 대한 친화력 순서는,

리튬< 나트륨< 암모늄< 칼륨< 은

또는,

망간< 마그네슘< 아연< 코발트< 구리

등이 알려져 있다. 또한, 음이온에 대해서는,

불소화물< 염화물<아질산< 브롬화물< 질산

등이 알려져 있다. 그러나 이러한 서열이 pH의 변화, 상대적 농도, 수지의 성질, 기타의 조건으로 역전되는 것도 희귀한 일은 아니다.

또한 수지에 대한 친화력에 아주 커다란 차이가 없어도 일단 수지에 흡착된 이온을 수지로부터 용리(容離)시키는 단계에서 차를 둘 수도 있다. 예를 들면, 킬레이트제 등과 같이 금속 이온과의 친화력이 강한 약품을 용리액에 섞어 놓으면 킬레이트제의 금속 이온에 대한 친화력에 미세한 차가 있으므로 킬레이트제와 친화력이 큰 금속부터 차례로 용리되어 컬럼에서 흘러 나온다.

예를 들면, 다음에 서술하는 EDTA(Ethylene-Diamine-Tetraacetic Acid, 에틸렌-디아민-테트라아세트 산)는 대표적인 킬레이트제이다. 킬레트이제는 물에 녹아 있는 금속 이온과 강하게 결합하여 물에 녹은대로 금속 이온의 움직임을 불활성으로 한다.

예를 들면, 비누에 EDTA를 섞어 놓으면 경수나 바닷물에서도 비누 거품이 잘 일어나 더러움이 잘 빠진다. 이것은 EDTA가 경수, 바닷물 중에 녹아 있는 칼슘이나 마그네슘 이온과 강하게 결합하므로 비누 거품이 이는 것을 방해하지 않기 때문이다.

한편, 물에 녹아 있는 여러 가지 이온을 이온 교환 수지로 분리하는 것은 공업적으로나 실험실적으로도 늘 일어나고 있는 일

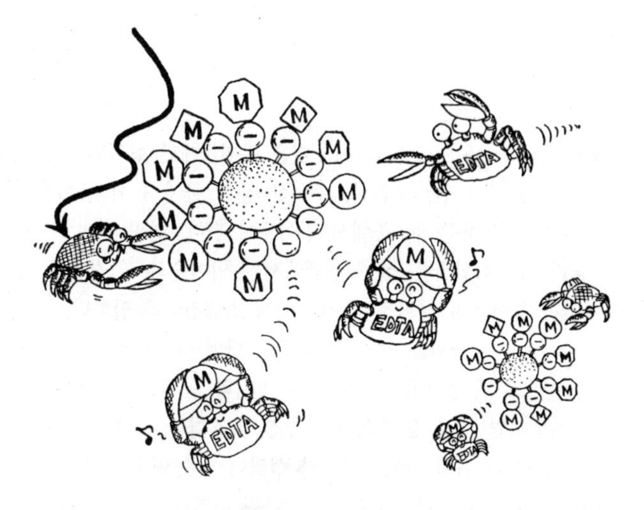

그림 5·15 이온 교환 크로마토에 의한 희토류 원소의 분리. 킬레이트제 EDTA로 용리하여 분리한다.

이다.

예를 들면, 희토류(稀土類) 금속이라는 한 군의 금속 원소가 있다. 이 중에는 칼라 TV의 브라운관의 발광체에 사용되는 유로퓸이나 강력 자석에 사용되는 사마륨 등, 하이테크 소재로서 중요한 역할을 담당하고 있는 것이 적지 않다. 그런데 희토류 금속은 화학적 성질이 매우 비슷하므로 하나하나의 원소를 순수하게 분리하기 어렵다.

바로 전에 서술한 EDTA라는 킬레이트제는 희토류 금속에 대해 조금이나마 친화력에 차가 있으므로 일단 양이온 교환 수지에 흡착된 희토류 금속 이온의 혼합물을 EDTA를 포함한 시약 용액에서 용리한다. 이 때 pH를 적당히 조절하면서 용해 분리하면 희토류 금속 이온이 원자 번호가 큰 루테튬부터 제일 작은 란탄까지 차례로 용해되어 나온다.

아미노산의 분리

물에 녹아 이온으로 해리하는 것은 무기물에만 한정되지 않는다. 예를 들어 초산, 구연산, 주석산 등은 물에 녹아 음이온이 되며 또한 아민류는 물 중에서 양이온이 된다. 한편 아미노산이라 불리우는 화합물은 산성 용액에서는 양이온의, 알칼리성 용액에서는 음이온의 성질을 갖으며 양성 전해질이라 말한다.

지구 상의 생물체를 구성하고 있는 단백질은 대체로 20종의 아미노산으로 구성되어 있다. 여러 가지의 단백질이 있으나 이들을 분해하면 전부 20종의 아미노산의 혼합물로 되어져 있다. 이러한 20종의 아미노산은 비교적 성질이 비슷하여 이것을 하나씩의 아미노산으로 분리하는 것은 매우 귀찮은 일이나 이온 교환 수지의 출현에 의해 매우 간단하게 되었다. 다시 말해 아미노산 수용액의 pH를 적당히 조절하는 것에 의해 어느 아미노산은 양이온 다른 한쪽의 아미노산은 음이온, 그리고 나머지 아미노산은 정미(正味)한 전하를 제로가 되게 할 수 있다. 이같은 아미노산 수용액을 양이온 교환 수지와 음이온 교환 수지의 컬럼에 계속하여 흐르게 함으로써 위의 세 가지의 아미노산을 분리할 수가 있다. 양이온이 된 아미노산은 양이온 교환 수지에 흡착되며 음이온이 된 아미노산은 음이온 교환 수지에 흡착된다. 전하가 제로인 아미노산은 어느 쪽의 이온 교환 수지에도 흡착되지 않는다.

각 아미노산은 pH를 변화시키고 같은 조작을 반복함으로써 각각의 그룹 아미노산을 보다 세분하게 분리시킬 수가 있다. 이같은 복잡한 조작을 반복하는 대신에 용리액 pH를 단계적으로 증가시키는 단계 용출법(글라젠트법)을 이용하면 이온 교환 수

그림 5·16 이온 교환 크로마토에 의한 아미노산의 분리

지 컬럼을 단 한번 통과함으로써 아미노산의 혼합물을 분리할 수가 있다. 예를 들어 양이온 교환 수지를 충전한 컬럼에 아미노산 혼합물을 첨가하고 pH 3.1로 조절한 용리액을 흐르게 하면 산성의 강한 아미노산부터 차례로 용출되어 나온다. 이 조건하에서 용출되어 나오는 주요 아미노산을 용출 순서로 나열하면, 아스파라긴산, 트레오닌, 세린, 프롤린, 글루타민산, 글리신, 알라닌, 발린, 시스틴, 메티오닌, 류신, 페닐알라닌, 리신, 히스티딘, 아르기닌 등이다. 이 중, 발린 이하는 용리액의 pH를 3.1에서 5.1로 점차로 높여가지 않으면 안된다.

이온 교환 수지의 종류, 컬럼 크기, 용액 조성, 유속(流速) 등 이온 교환 크로마토의 조건을 일정하게 하면 용출하는 아미노산의 순서나 용출 시간 등이 결정되므로 최근에는 아미노산의 자동 분리 분석 장치가 많이 개발되어 아미노산의 분석도 매우 편리하게 되었다.

b · 5 기타 액체 크로마토그래피

액체 크로마토그래피란, 이동상 액체에 녹아 있는 용질과 고정상 표면 사이의 상호 작용의 대소에 따라 컬럼 내 용질의 이동 속도에 차가 생기는 것을 이용한 분리법이다. 상호 작용으로써 흡착, 분배, 분자 분류, 이온 교환 등에 대해 서술했지만 이 이외에도 여러 가지 상호 작용을 생각할 수 있다.

예를 들면, 생체 내에서의 화학 반응에 효소는 중요한 역할을 하고 있다. 효소는 생체 내 반응의 촉매 역할을 하는 것으로서, 예를 들면 아밀라아제라는 효소는 전분을 분해해서 말토스(물엿)로 변화시킨다. 다시 정리하면,

전분＋아밀라아제→전분 · 아밀라아제→말토스 ＋ 아밀라아제
(기질) (효소) (복합체) (생성체) (효소)

가 되며 아밀라아제는 계속해서 전분을 분해해 나가지만 아밀라아제 자신은 변화하지 않는다.

이 때, 아밀라아제는 전분하고만 반응하고 다른 화합물로는 변화하지 않는다. 전분과 같이 효소가 작용하는 상대방 화합물을 기질(基質)이라 하지만 효소 반응의 특징은 효소가 특정 기질에만 선택적으로 작용하는 것이다. 아밀라아제는 전분에만 움직여 전분에 특이적인 효소가 된다.

왜 효소가 특정 기질하고만 작용하는가에 대해서는 열쇠와 열쇠 구멍에 비교된다. 특정 열쇠만이 특정된 열쇠 구멍에 들어가듯이 특정 효소는 특정 기질하고만 작용한다. 이것은 효소의 화학 구조와 기질의 화학 구조가 열쇠와 열쇠 구멍의 관계이기 때문이라고 이해되고 있다.

이러한 효소와 기질이 같게 되면 서로 잘 결합하여 효소－기질 복합체를 형성한다. 즉, 특정 효소와 기질 사이에만 상호 작용이 생기는 것이다.

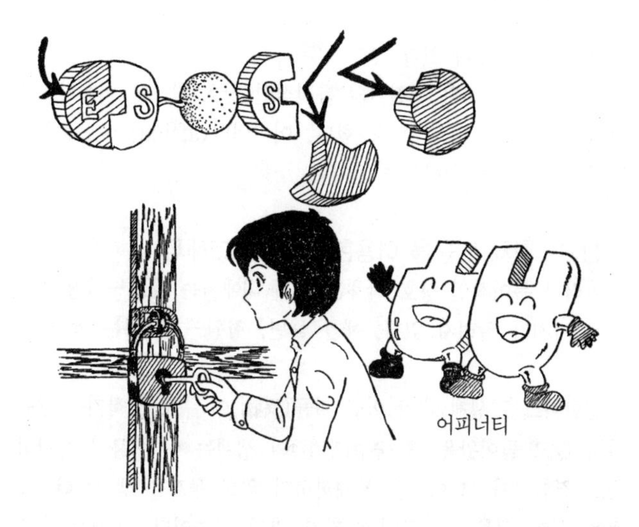

그림 5·17 어피너티 크로마토그래피. 효소와 기질의 특이적 인 상호 작용(열쇠와 열쇠 구멍의 관계)을 이용한다.

이 상호 작용을 크로마토그래피에 응용할 수 있다.

즉, E라는 효소를 분리·정제할 때 효소 E의 기질 S와의 상호 작용을 이용한다. 아가로스(한천의 주성분)와 같은 친수성 겔 입자에 기질 S를 화학 결합으로 붙여 놓는다(아가로스를 S로 수식한다고 함). 이 경우, 기질 S라는 화합물 전부가 아니라도 S의 화학 구조 중 효소와 결합하는 부분만으로도 되므로 그렇게 하는 것이 아가로스를 화학적으로 수식하는 데 간단하다.

이렇게 화학 수식한 아가로스 겔 입자를 컬럼에 넣어 효소 E를 포함한 용액을 컬럼에 흐르게 하면 효소 E만 컬럼 고정상의 겔에 결합한다. 여기서 컬럼을 씻어 흐르게 한 후 적당한 방법으로 효소 E를 용해 분리함으로써 효소 E를 다른 공존물에서 분리 · 정제할 수가 있다.

이 방법은 효소와 기질과의 특이적인 상호 작용을 이용하므로 어피너티 크로마토그래피라 한다. 어피너티(affinity)란 효소와 기질의 친화력을 의미하는 말이다.

항원 – 항체 반응을 이용한 크로마토그래피

이러한 특이적인 상호 작용은 생체 내에서는 효소 – 기질 외에 여러 가지가 알려져 있다. 예를 들면, 항원 – 항체라는 것이 있다.

일반적으로 생체 내에 어떤 이물(異物)이 주로 소화기를 경유하지 않고 들어왔을 때 숙주(宿主)의 생체는 이 이물과 특이적으로 결합하여 그 이물을 무해화하기 위한 물질을 생성한다. 이것은 신이 생물체에 부여한 자기 방위 기능이다. 여기서 숙주 생체에 들어온 이물을 항원, 이에 대항하여 숙주 생체에 생성된 물질을 항체라 하고 이러한 기능을 면역이라 한다. 최근 커다란 사회 문제가 되고 있는 AIDS는 바이러스에 의해 사람의 면역 기능이 없어지는 병이다.

이 항원 – 항체 반응은 효소 – 기질과 같이 매우 특이성이 높다. 예를 들면, 몰모트에 달걀 흰자를 주사하면 흰자에 대한 항체가 몰모트의 혈액 내에 생산되지만 이 항체는 흰자하고만 결합하고 달걀 흰자 이외의 단백질과는 결합하지 않는다.

이러한 특이성이 높은 항원 – 항체 반응도 어피너티 크로마토그래피에 반응할 수 있다. 즉 항원이 되는 화합물을 아가로스 입자에 결합시킨 것을 컬럼에 충전하여 항체를 포함한 시료 용액을 흐르게 하면 항체만 컬럼에 흡착되므로 이 방법으로 항체를 분리 · 정제할 수 있다.

c. 가스 크로마토그래피

C·1 기고 흡착 크로마토그래피

가스 크로마토그래피에서는 액체 크로마토와 달리 이동상은 기체이다. 시료는 기체의 흐름에 따라 컬럼 안에 운반되며, 이 기체를 캐리어 가스라 한다. 캐리어 가스에는 통상 헬륨이나 수소 가스가 이용된다. 수소 가스가 가격이 저렴하지만 폭발 위험성이 있는 데에 비해 헬륨은 국내에 자원이 없고 봄베에 넣어져 수입되므로 고가이지만 위험성이 없다.

시료도 캐리어 가스의 흐름에 따라 운반되므로 기체로 되어 있어야 한다. 통상 유기 화합물은 일정한 온도에서 액체나 고체라도 100~200℃로 가열하면 증기가 되므로 가스 크로마토 분석 대상이 된다. 그러나 고분자 화합물이나 아미노산 등 가열해도 기화하지 않는 것은 가스 크로마토법으로는 분석할 수 없다. 또한 유기 화합물에 한하지 않고 무기 화합물에서도 산화질소, 이산화탄소(탄산 가스), 황화수소 등 기체 화합물은 가스 크로마토로 분리, 분석할 수 있다.

그림 5·18에 가스 크로마토그래피 장치의 개략을 나타내었다. 고압 용기에서 공급되는 캐리어 가스는 압력 조정 장치를 경유하여 장치에 들어간다. 액체 시료는 주사기에 의해 시료 도입부에 들어간다. 시료 도입부는 일정 온도로 가열되어지며 주입된 시료는 즉시 기화한다. 기화한 시료의 증기는 캐리어 가스의 흐름에 따라 분리 컬럼에 보내져 컬럼 고정상과의 상호 작용 크기의 차이에 따라 성분마다 나뉘어져 검출기에 달한다. 검출기에서 나오는 전기 신호는 기록계에 보내져 크로마토그램이 그려진다.

예를 들면, 벤젠(비점 80.1℃)과 시클로헥산(비점 80.8℃)과의

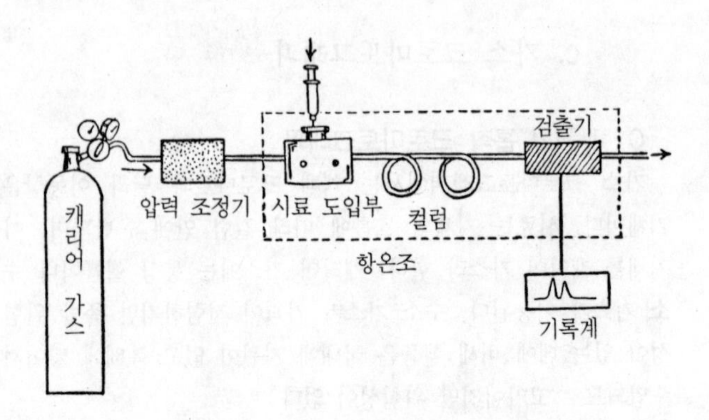

그림 5·18 가스 크로마토그래피 장치

비점차는 겨우 0.7℃로 양자를 비점차에 따라 증유에 의해 분리하는 것은 사실상 불가능하다. 그러나 가스 크로마토그래피에 걸면 몇 분간에 그림 5·19와 같은 크로마토그램이 얻어지고 피크의 위치로부터 벤젠과 시클로헥산의 혼합물인 것을 알 수 있으며, 피크의 면적에서 양자 혼합비를 알 수 있다.

기고 흡착 크로마토그래피(흡착 가스 크로마토그래피)에서는 캐리어 가스 중의 시료 성분의 컬럼 고정상 표면에서의 흡착력차가 분리의 원인이 된다.

가스 크로마토그래피에서 사용되는 분리 컬럼은 통상 길이 1~수m, 직경 3~10mm의 스테인리스 또는 유리관을 U자나 코일 모양으로 감은 것으로 이 중에 입자 상태의 고정상을 충전한다. 기고 흡착 크로마토에서 충전물로서는 활성탄, 실리카 겔 또는 다공성 폴리머 입자 등, 유기물에 대해 흡착성이 있는 고형 입자가 사용된다. 또한, 무기 가스나 메탄, 에탄 등 저급 탄화 수소에 대해서는 분자 분리 능력을 겸비한 흡착제로서 몰레

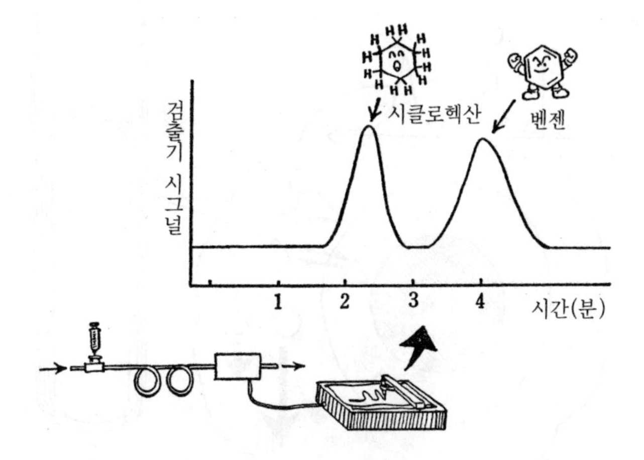

그림 5·19 벤젠, 시클로헥산의 가스 크로마토그램

큘러시브(molecularsieve)도 사용된다.

C·2 기액 분배 크로마토그래피

대개 모든 휘발성 유기 화합물은 기액 분배 크로마토그래피(분배 가스 크로마토그래피)에 의해 분석된다.

분배 가스 크로마토그래피의 경우, 분리 컬럼에서는 불휘발성 액체(고정상 액체라 함)를 띄는 고정상 항체가 충전되어 있다. 시료의 증기가 캐리어 가스의 흐름에 따라 컬럼에 들어오면 고정상 항체 표면의 고정상 액체에 녹는다. 시료의 성질과 고정상 액체의 성질에 의해 어떤 것은 많이 녹고 어떤 것은 조금밖에 녹지 않는다. 이 현상을 분배라 한다.

녹는 비율이 높은 시료 성분일수록 컬럼 내의 이동 속도가 늦다. 즉, 분배 정도의 대소에 의해 각 성분으로 나뉘어져 검출기에 달하게 된다. 많은 경우, 시료 주입 후 몇 개~수십 개로 시

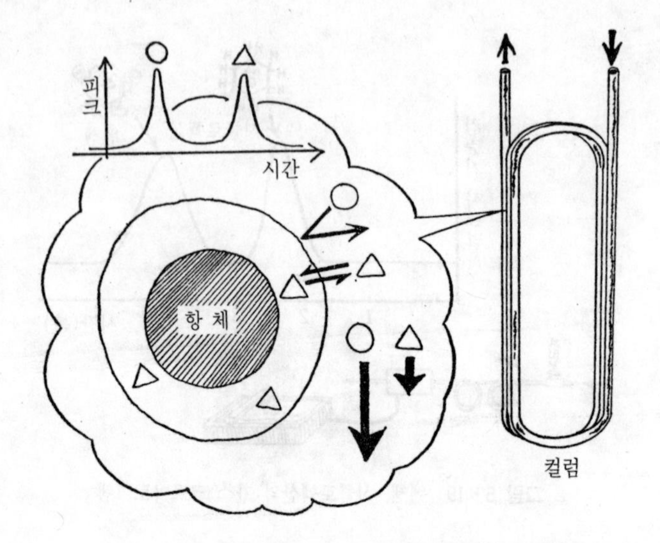

그림 5 · 20 기액 분배 크로마토그래피

료 성분이 컬럼을 나와 검출기에 달한다.

분리 컬럼 안에서는 고정상 항체에 스며들어 있는 고정상 액체와 캐리어 가스 중의 시료 성분의 접촉 면적이 넓을수록 분리가 잘된다.

이 경우, 고정상 항체는 고정상의 임무를 가진 액체를 남겨두는 것이 목적이므로 입자가 비교적 작은 것은 표면적이 큰 다공질 고체로, 그것도 열적으로 안정되며 기계적 강도가 크고 화학적으로 불활성인 입자가 이용된다.

아주 보통으로 사용되는 항체는 규조토와 점토를 혼합하여 구워 낸 것을 분쇄 분리하여 입자를 모아 놓은 것이며, 내화 벽돌의 재료와 같은 것으로 여러 가지가 시판되고 있다. 또한 드물게 테플론(불소 수지) 분말이나 유리 분말 등을 이용하는 것도 있다.

이러한 고정상 항체에 고정상 액체를 남겨둔 것을 컬럼에 넣는다. 고정상 액체량은 항체 중량의 5~20% 정도이지만 유리 분말로는 0.5% 정도밖에 달하지 않는다.

한편, 고정상 액체는 다음과 같은 조건을 만족하지 않으면 안 된다.

(1) 사용 온도에서 비휘발성일 것.

(2) 열적으로 안정할 것.

(3) 화학적으로 불활성일 것.

(4) 시료 성분에 대한 분배 계수가 적당한 것.

분배 계수가 너무 작으면 시료 성분은 컬럼을 그대로 통과하고 분배 계수가 너무 크면 시료 성분은 컬럼에서 나오지 않는다. 분배 계수값, 즉 시료 성분이 어느 정도 고정상 액체에 녹아 들지는 시료 성분과 고정상 액체의 화학적 성질에 따라 결정된다.

시료 성분이 화학 구조적으로 극성이 큰 것이라면 고정상 액체에는 극성이 작은 것을 선택하고, 시료 성분의 극성이 작으면 고정상 액체에는 극성이 큰 것을 선택한다.

극성이 큰 고정상 액체로서는 폴리에틸렌글리콜, 중간 정도의 극성을 가진 것으로는 프탈산에스테르 및 실리콘유, 저극성 고정상 액체로서는 스쿠알렌이나 어피에존그리스(진공 콕용 그리스) 등이 알려져 있다.

여러 가지 컬럼

컬럼의 크기는 앞에서도 설명한 바와 같이 내경 3~10mm, 길이 1~수m인 것이 사용된다. 컬럼이 길수록 분리 능력이 좋아지므로 복잡한 혼합물을 분리 분석할 때에는 수십~100m 정

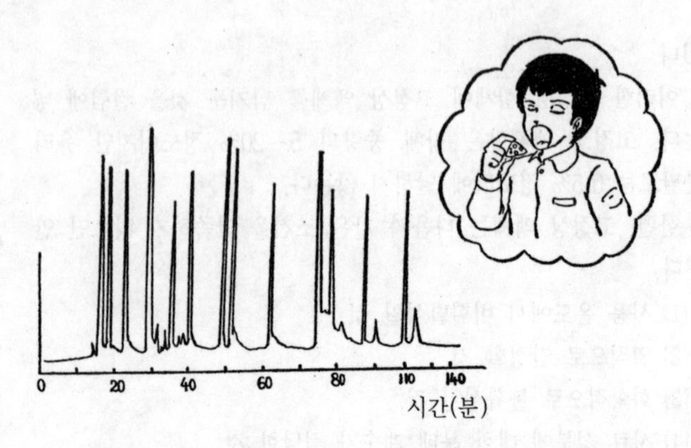

그림 5·21 치즈에서 짜낸 기름의 가스 크로마토그램

도의 긴 컬럼을 사용하기도 한다. 물론, 이러한 긴 컬럼에 고정상을 충전하는 것은 불가능하므로 이 경우에는 직경1mm 정도의 모세관을 이용하여 모세관 내벽에 고정상 액체를 바른 것을 이용한다. 또한 컬럼 전체를 실감은 모양으로 코일로 하면 100m의 컬럼에서도 극소수 자리의 크기로 모여 버린다.

컬럼의 재료로서는 스티인리스강 이외에 석영 유리 등이 이용된다.

그림 5·21은 길이 170m의 모세관 컬럼을 이용하여 치즈 기름을 분석한 결과이다. 치즈에 포함되어 있는 기름은 매우 많은 성분으로 되어 있음을 알 수 있다.

가스 크로마토그래피에서는 시료를 기화시키는 관계상 컬럼도 시료의 비점에 가까운 온도로 가열하여 분석하는 것이 보통이다. 그러나 시료 성분 조직이 복잡하고 비점의 범위도 매우 넓을 경우에 비점이 낮은 성분에 맞춰 컬럼의 온도를 설정해 놓으면 비점이 높은 성분이 컬럼으로부터 잘 나오지 않고, 반대로

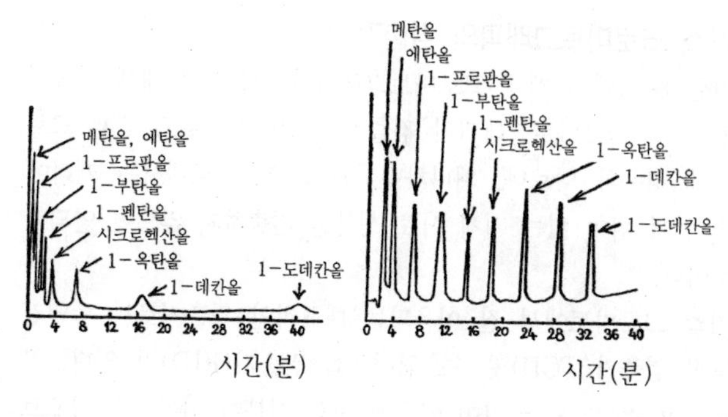

(a) 정온 분석에 의한 크로마토그램 (b) 승온 분석에 의한 크로마토그램

그림 5·22 알코올 동족체의 저온 및 승온 가스 크로마토그램

비점이 높은 성분에 맞춰 컬럼 온도를 설정하면 비점이 높은 쪽의 성분은 잘 분리되지만 비점이 낮은 쪽의 성분은 컬럼을 거의 그대로 통과하는 상태로 뛰어 넘어오므로써 분리가 잘 되지 않게 된다.

이러한 경우 컬럼 온도를 예를 들면 1분간에 1~2도의 비율로 차례로 온도를 높여가면 비등이 낮은 성분부터 높은 성분까지 잘 분리할 수가 있다. 이 방법을 승온 가스 크로마토그래피라 하고, 그림 5·22에 그 예를 나타냈다.

그림 5·22에는 비교하기 위해 같은 시료 혼합물을 일정 온도로 가스 크로마토 분석한 결과도 함께 나타냈지만, 승온 가스 크로마토 쪽이 훨씬 깨끗하게 분리되었다는 것을 알 수 있다. 또한, 앞에 나타낸 그림 5·21도 모세관 컬럼을 사용한 승온 가스 크로마토의 한 예이다.

가스 크로마토그래피의 검출기

앞절 b·1에서 액체 크로마토그래피의 검출기에 대해 서술했지만 가스 크로마토그래피의 검출기는 원리적으로도 액체 크로마토인 경우와 다르다. 왜냐하면, 가스 크로마토에서는 캐리어 가스 안에 섞여 있는 기체 시료 성분을 검출하지 않으면 안되기 때문이다.

가스 크로마토에서 잘 이용되는 대표적인 검출기로서는 열전도도형 검출기(TCD)및 수소염이온화 검출기(FID)가 있다. 열전도도형 검출기는 캐리어 가스에 시료 성분이 섞여 들어감으로써 혼합 가스의 열전도도가 캐리어 가스 자신의 열전도도보다 작게 되는 것을 이용하여 시료 성분을 검출하는 것이다. 시료 성분의 종류를 선택하지 않는 만능적인 검출기지만 검출 감도가 별로 높지 않으므로 아주 미량의 성분 분석에는 다음에 서술하는 수소염이온화 검출기가 우수하다.

수소염이온화 검출기에서는, 컬럼에서 나온 캐리어 가스는 수소가스염 안에 도입된다. 수소염은 매우 고온이므로 캐리어 가스 안에 유기 화합물이 섞여 있으면 이 유기 화합물은 염 안에서 열분해되어 이온이 된다. 생성된 이온량을 전기적으로 검출하여 전기 신호로서 꺼내는 것이 수소염이온화 검출기의 원리이다. 유기 화합물은 거의 예외 없이 이 검출기로 검출할 수가 있어 10^{-12}(1g의 1억분의 1)이란 미량까지 검출할 수 있으므로 유기 화합물의 분석에는 가장 적당한 검출기이다.

이 외에 농약과 같이 염소나 인 등을 포함한 유기 화합물의 분석에는 전자포획형 검출기(ECD)도 사용된다. 이 검출기는 염소, 불소 등 할로겐 원소나 인을 포함한 유기 화합물만 고감도로 검출하는 것으로 이러한 성분에 대해서는10^{-13}g이란 미량까지 검출할 수 있으므로 잔류 농약이나 발암성이 있다고 하는 트

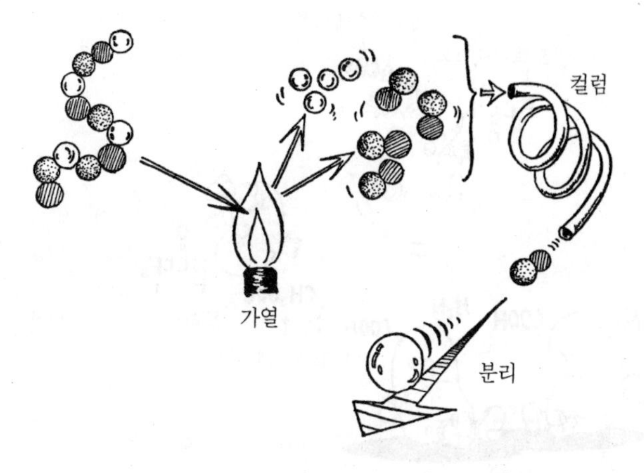

그림 5·23 열분해 가스 크로마토그래피

리클로로르에틸렌 등 염소계 유기 용제 분석에 매우 강력한 무기가 된다. 이 검출기는 그 원리상, 방사성 동위 원소를 필요로 하므로 설치에 있어서는 과학기술처에 의뢰해야 한다.

강제적으로 기화시키는 공정

앞에서도 반복적으로 서술한 바와 같이 가스 크로마토그래피에서는 시료 증기가 캐리어 가스에 의해 운반되어지므로 분석 대상이 되는 시료는 기화하여 증기가 되지 않으면 안된다. 따라서, 폴리염화비닐이나 나일론과 같은 고분자 화합물은 가열해도 기화하지 않으므로 가스 크로마토에서는 분석할 수 없다.

단지 고온에 가열하면 분해하여 여러 가지 기체가 발생하므로 이 기체를 가스 크로마토에서 분석할 수가 있다. 정해진 조건에서 열분해하면 어떤 고분자 화합물에서 발생하는 기체 종류나 조성은 일정하므로 가스 크로마토그램 피크의 형태에서 원래의

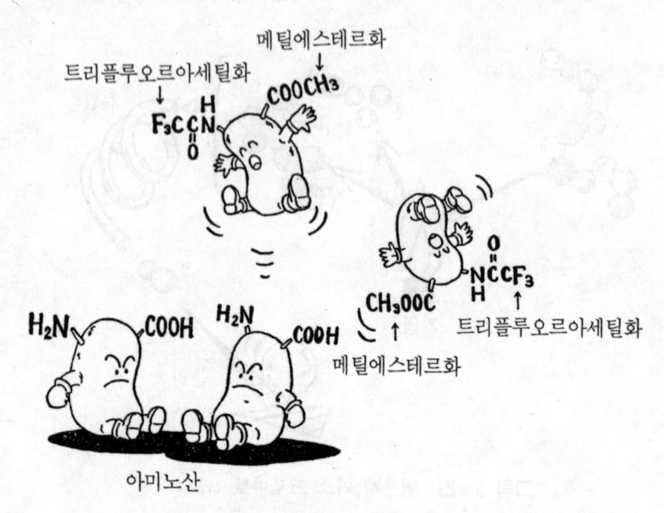

그림 5·24 기화하지 않는 아미노산도 트리플루오르아세틸화 및 메틸에스테르화에 의해 휘발성이 된다.

고분자 화합물을 특정할 수가 있다. 이러한 수법을 열분해 가스 크로마토그래피라 한다.

저분자 화합물이라도 아미노산과 같이 이온성이 강한 유기 화합물은 가열해도 기화하지 않는다. 그러나 그 자신이 기화하지 않는 유기 화합물이라도 이것에 시약을 작용시켜 기화하기 쉬운 화합물로 바꿀 수 있다. 예를 들면, 아미노산을 트리플루오르아세틸화 아미노산메틸에스테르 유도체로 바꿈으로써 모든 아미노산은 휘발성이 되어 가스 크로마토에서 분석할 수 있다.

그림 5·25는 단백질을 가수 분해하여 개개의 아미노산으로 만든 후 트리플루오르아세틸화 및 메틸에스테르화하여 가스 크로마토에 의한 측정 결과를 나타낸 것이다. 이 방법으로 겨우 10^{-15}g의 미량 단백질로 그것을 구성하고 있는 아미노산의 조성

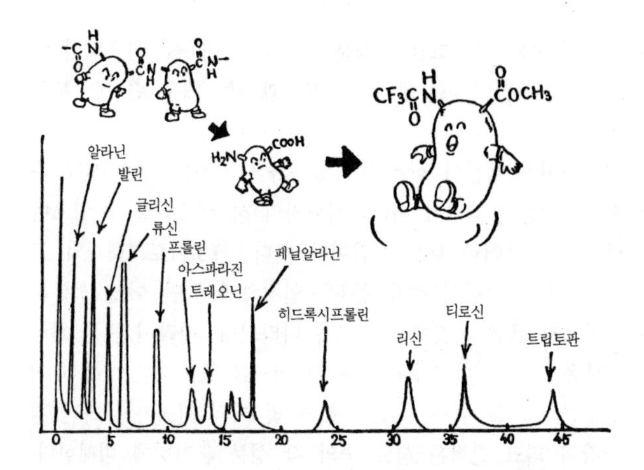

그림 5·25 아미노산의 휘발성 유도체 트리플루오르아세틸화 아미노산메틸에스테르의 승온 가스 크로마토그램.

을 알 수가 있다.

d. 분리 분석과 분취

고속 액체 크로마토그래피와 가스 크로마토그래피에서는 시료를 주입한 후, 시료 성분이 컬럼을 나와 검출기에 도달하기까지의 시간은 수십 분이 걸린다. 바꿔 말하면, 그 정도 시간으로 모든 성분의 분석이 끝나도록 유속, 온도, 컬럼의 조건 등을 설정해 둔다.

이때 주입되는 시료의 양은 수μl($1\mu l = 0.001$ ml)이므로 주삿바늘에서 떨어지는 물방울 정도의 매우 적은 양이다.

이같이 미량의 시료를 사용하여 그 시료에 어떠한 성분이 함유되어 있는가 또한 그같은 성분이 어떠한 배율로 함유되어 있는가를 알 수 있기 때문에 크로마토그래피는 매우 편리한 분석기이다.

우선 어떠한 성분이 함유되어 있는가를 말하는 것은 시료 주입 후 그 성분의 피크가 나타나기까지의 시간으로 알 수 있으며 이것을 전문 용어로 보유 시간이라 한다. 크로마토그래피의 조건(유속, 온도 컬럼의 종류 등)을 일정하게 하면 어느 성분은 항상 정해진 보유 시간에서 피크가 나타난다. 따라서 표준 화합물과 보유 시간을 비교함에 의해 그 피크를 표시하는 성분이 어떤 성분인가를 알 수가 있다. 그리고 몇 개의 피크가 나타난 경우 각각의 피크 면적은 시료 중의 각 성분 혼합비에 비례한다. 정확하게는 어떤 것은 보정이 필요하나 아주 미량의 시료로 성분 종류와 조성비가 구해지는 것은 고속 액체 크로마토와 가스 크로마토의 공통적 특징이다. 그러나 이같은 수법으로는 아주 미량의 시료만 분리되므로 각 피크 부분을 나누어 추출하는 것은 거의 불가능하다. 그러기 위해서는 수ml의 대량의 시료를 주입하지 않으면 안되나 통상의 컬럼에 그같이 많은 시료를 주입하여도 컬럼 안에 넘쳐 버려 아예 분리가 불가능하다. 각 성분을 분류해 취(분취)하기 위해서는 비교적 다량의 시료를 사용하여 그만큼의 시료를 분리할 수 있는 대구경(大口徑)의 컬럼을 사용하지 않으면 안된다. 이같은 크로마토 장치를 분취 크로마토 장치라 하며 액체 크로마토, 가스 크로마토 양쪽 다 분취 크로마토 장치가 만들어져 있다.

컬럼의 구경이 수cm~수십cm가 되면 컬럼에 충전하는 충전물의 양도 직경의 제곱에 비례하여 많아 진다. 또한 컬럼에 충전물을 균일하게 충전하는 것도 구경이 커짐에 따라 곤란해 진다. 따라서 이같은 대구경의 컬럼 안을 이동상이 균일하게 흐르

그림 5·26 다량의 시료를 분리하기 위해서는 대구경의 컬럼을 사용한 분취 크로마토 장치를 이용한다.

게 하는 것도 여러 가지의 방법이 필요하다. 이 때문에 분취 크로마토 장치는 매우 비싸며 또한 가동, 유지에도 큰 비용을 요한다.

그러나 매우 간단한 조건에서 분리가 가능하며 증류, 재결정 등과 비교해 분리 능력이 아주 우수하므로 효소, 의약품 등 부가 가치가 큰 유기 화합물의 분리 정제에 널리 이용되고 있다.

Ⅵ. 막을 이용한 분리

a. 신비한 세포막

생물체는 동물이나 식물 모두 세포라는 작은 단위로 구성되어 있다. 세포의 크기는 종류에 따라 여러 가지이나 대부분의 경우 현미경으로만 볼 수 있을 정도로 매우 작다.

세포는 세포막이라는 막에 둘러 싸인 하나의 주머니로 이 안에 세포액이나 세포핵 등이 들어 있다.

세포는 각각 독립하여 생존해 나가며 살아가는 데에 필요한 양분은 세포의 외부로부터 세포막을 통해 들어온다.

또한, 불필요하게 된 성분은 세포막을 통해 밖으로 배설시킨다.

이 때 세포막은 살아가는 데 필요한 성분만 막을 통해 흡수하고 한편 불필요한 성분은 세포 밖으로 배설한다. 즉 세포막은 선택적인 투과 능력을 갖고 있다. 이것이 세포막의 제1의 특징이다

제2의 특징은 세포막의 물질 수송 능력에 관한 것이다. 일반적으로 진한 소금물 위에 옅은 소금물을 겹쳐 놓으면 염분은 진한 쪽에서 옅은 쪽으로 이동해 간다. 이것이 자연의 동향이다. 그럼에도 불구하고 세포막은 필요한 성분에 대해서는 세포 밖의 농도가 세포 내 농도보다 낮아도 새포 내에 흡수할 수가 있다.

이와 같이, 어떤 성분을 낮은 농도에서 높은 농도로 수송하는 것을 능동 수송이라 하고 능동 수송이 인정되는 것은 그 세포가 살아 있는 증거가 될 수 있다.

이와 같이 세포막은 세포의 생명 유지, 나아가서는 생물체의 생명 유지를 위해 중요한 움직임을 하고 있으며 세포막에 의한 물질 수송의 선택성이나 능동 수송 원리에 대해서도 최근 연구에 의해 매우 확실해 지고 있다. 그리하여 이 세포막 기능을 물

그림 6·1 세포의 특징은 선택적 투과와 능동적 수송

질의 분리에 응용하려는 시험이 활발하게 연구되어 일부 실용화에 가까워지고 있다.

b. 액막

용광로에서 철광석으로부터 철을 만들 때에 사용되는 코크스는 석탄을 쪄 구워 만든다.

석탄을 쪄서 구우면 대량의 가스(석탄 가스)와 함께 석탄 타르가 얻어진다. 석탄 타르란 담배의 댓진과 같은 것으로 검고

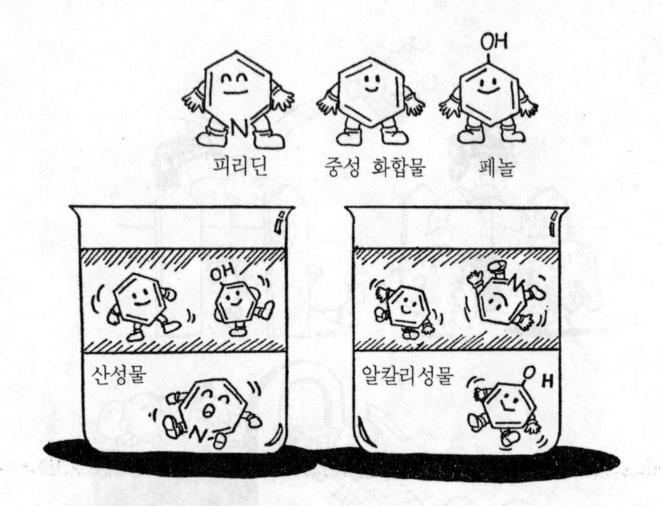

그림 6·2 물, 산성 수용액, 알칼리성 수용액에 대한 용해성 차이가 용매 추출법의 원리

걸쭉한 기름이지만 이 중에는 벤젠, 나프탈렌, 피리딘, 페놀 등등 의약품, 염료, 농약 원료로서 귀중한 화합물이 포함되어 있다. 언뜻 보기에 냄새가 나고 보기 흉한 재료이지만 유기 화학적인 눈으로 보면 가장 가치 있는 보물과 같다.

현재는 이들 원료 화합물은 거의 모두 석유를 원료로 하는 석유 화학 공업에 의해 공급되었으나 제1차 세계 대전 후 독일의 화학 공업이 세계 제1의 수준으로 발전한 것도 모두 석탄 타르를 원료로 한 합성 화학 공업에 기초를 둔 것이었다. 그 출발점은 타르에서 각각의 성분을 분리하는 것에서부터 시작한다.

그 분리의 원리는 앞에서 서술한 증류와 용매 추출이다. 먼저 증류법에 의해 타르 성분을 비점차로 크게 그룹으로 나눈 후, 용매 추출, 정밀 증류 등을 반복하고 각각의 화합물을 순수한 상태로 분리시킨다.

석탄 타르의 주요 성분의 하나인 피리딘에 대해 말하면 이것은 조금만 냄새를 맡아도 졸도할 것 같은 악취를 가진 액체이지만 의약품, 염료, 농약의 원료로서 매우 유용한 화합물이다. 피리딘은 현재에는 석유 화학 원료로 합성되어 있지만 석탄 타르 공업 중에서도 피리딘의 분리·정제는 커다란 비중을 차지하고 있다.

석탄 타르로부터 피리딘 분리의 원리

피리딘은 석탄 타르의 저비점 유분(留分)(180℃ 이하) 내와 석탄 가스 세정액 내에 포함되어 있다. 석탄 타르의 저비점 유분 중에 있는 피리딘은 용매 추출법으로 분리된다.

피리딘은 그 화학 구조로를 보면 염기성 화합물이다. 염기성 화합물의 공통된 성질로써 그 자신은 유기 용매에 녹기 쉽고 물에는 녹기 어렵지만 산성 수용액에는 잘 녹는다. 한편, 페놀과 같은 산성 화합물은 그 자신은 유기 용매에 녹기 쉽고 물에는 녹기 어렵지만 수산화나트륨 수용액과 같은 알칼리 수용액에는 잘 녹는다.

한편, 벤젠이나 톨루엔과 같은 중성 화합물은 염을 만들지 않으므로 산성 수용액에도 알칼리성 수용액에도 녹기 어렵다. 이와 같은 용해성의 차이가 용매 추출법에 의한 유기 화합물 분리의 원리이다.

피리딘을 주성분으로 하는 타르 저비점 유분 안에는 피리딘 이외에 피리딘과 비점이 비슷한 여러 가지 성분이 섞여 있다. 그들은 염기성 화합물, 산성 화합물, 중성 화합물의 혼합물이므로 이 유분을 희석산 수용액에 넣에 저으면 피리딘과 같은 염기성 화합물만 수용액에 녹아 들어가지만 중성 및 산성 화합물은 물에 녹지 않고 가만히 놓아 두면 기름과 같이 되어 수용액 위에 뜬다.

그래서 수용액층만 분리시켜 여기에 수산화나트륨 수용액을 첨가해 알칼리성으로 하면 지금까지 물에 녹아 있던 피리딘류가 기름 형태로 되어 수용액 위에 뜬다. 이 때, 추출 용매로서 파라핀이나 벤젠을 넣어 저으면 수용액으로부터 떨어져 나온 피리딘류를 보다 효과적으로 회수할 수가 있다.

이렇게 하여 타르 저비점 유분에서 용매 추출법으로부터 피리딘을 분리할 수 있다. 물론, 이 용액 중에는 피리딘 이외에 피리딘에 비점이 근사한 염기성 화합물도 포함되어 있으므로 보다 정밀한 증류에 의해 피리딘을 정제하지 않으면 안된다.

이것이 석탄 타르에서 피리딘을 분리 정제하는 공업적 방법의 한 예이다.

액체막이란

이상의 조작으로 피리딘을 최종적으로 황산 수용액 상태로 회수하는 공정을 생각하면 먼저 피리딘의 녹인 산성 수용액을 알칼리성으로 하여 피리딘을 유리(遊離)시켜 유기 용제에서 추출하고 또한 이 피리딘을 포함한 유기 용매를 산의 수용액에서 추출하게 된다. 이와 같은 추출 과정은 그림 6·3과 같은 U자관을 사용하면 동시에 연속적으로 일어날 수 있다.

즉, U자관 안에 클로로포름을 넣는다. 클로로포름을 사용하는 것은 피리딘을 잘 녹이는 성질이 있음과 동시에 물보다 무거운 액체이므로 그림 6·3과 같이 U자관의 양각에 물을 넣었을 때 클로로포름층에서 U자관의 아래쪽을 채울 수 있기 때문이다.

좌측 관에는 피리딘의 황산 수용액과 수산화나트륨 수용액을

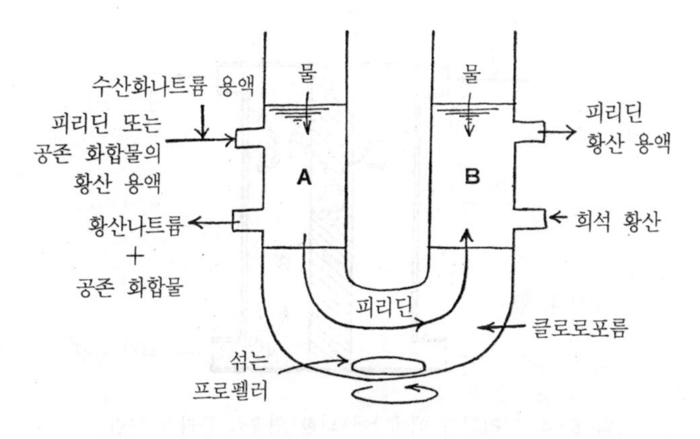

그림 6·3 피리딘의 연속적 분리막 그림. A : 추출측 물, B : 역추출측 물

주입한다. 우측관에는 황산 수용액을 넣어 두고 클로로포름층은 외부로부터 자석의 힘으로 프로펠러를 회전시켜 섞는다.

이 상태에서, 좌측 관에서는 수용액 중에서 유리 상태가 된 피리딘은 클로로포름층에 추출되고 추출된 피리딘은 클로로포름층이 섞여 지고 있으므로 우측으로 이동한다. 클로로포름층이 우측 수용액에 접촉하면 이 수용액은 황산을 포함하고 있으므로 클로로포름에 녹아 있는 피리딘은 황산 수용액으로 추출되어 간다. 피리딘에 대해서만 보면 좌측관 내의 피리딘이 클로로포름층을 빠져 나가 우측관 내로 이동해 있음을 알 수 있다.

이제 그림 6·3의 장치에서 클로로포름층을 점점 짧게 해 나가 그림 6·4와 같이 클로로포름의 박막에서 치환하였다 해도 클로로포름이 미치는 역할에 본질적인 변화는 없다. 즉, 좌측 수용액에서 피리딘이 클로로포름 박막에 추출되고 박막의 반대측에서는 클로로포름 중의 피리딘이 우측 황산 수용액에 추출된

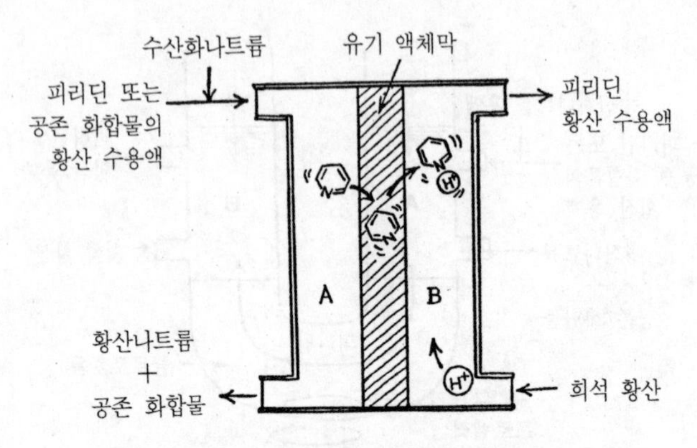

그림 6·4 피리딘의 액체막에 의한 연속적 분리막 그림.
A : 추출측 물, B : 역추출측 물

다.

만약 이 경우 페놀과 같은 산성 화합물이 공존해 있다고 하면 좌측 수용액 중에서는 수산화나트륨에 의해 나트륨 염이 되어 있으므로 클로로포름에는 추출되지 않고, 따라서 막 우측에는 수송되지 않는다.

즉, 그림 6·4의 장치에서는 피리딘과 같은 염기성 화합물만 수송된다. 그 막수송을 그림으로 나타내면 그림 6·5와 같이 되고 이와 같은 분리법을 액체막에 의한 분리라 하며 새로운 분리법으로써 주목을 모으고 있다.

액체막 분리법의 여러 가지 공정

피리딘의 액체막 분리는 아주 간단한 예이지만 액체막이 되는 유기 용매 중에 물질의 수송 역할로서 미리 여러 가지 시약을 녹여 놓으면 매우 선택성이 높은 분리, 막수송이 이루어지도록

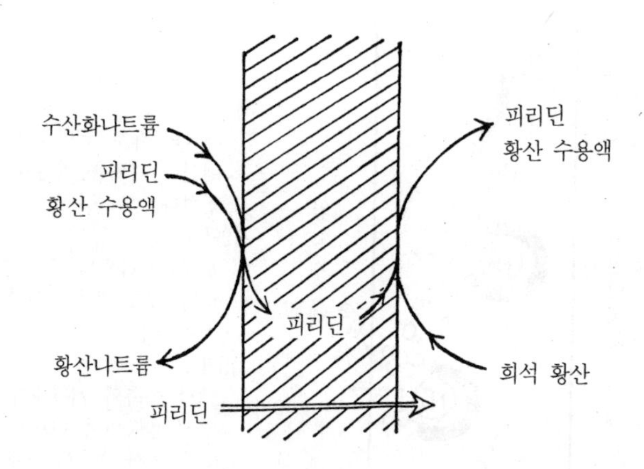

그림 6·5 피리딘의 액체막에 의한 분리

된다. 이러한 역할의 시약을 캐리어라 한다.

예를 들면, 모넨신이라는 약품이 있다. 어떤 종류의 곰팡이에서 추출된 항생 물질이지만 나트륨 이온을 선택하여 유기 용매에 추출하는 재미있는 성질이 있고, 나트륨 이온의 액체막 캐리어로서 주목을 끌고 있다.

지금 그림 6·6과 같이 모넨신을 옥탄올이라는 유기 용제에 녹여 이 용액으로 유기막을 만들고, 이 액막의 좌측에는 수산화나트륨 수용액, 우측에는 염산 수용액을 넣는다.

막의 좌측에는 수산화나트륨 수용액 중의 나트륨 이온이 액체막 중에 포함되어 있는 모넨신과 결합하여 막 안에 추출된다. 막 안에서 나트륨은 모넨신에 결합한 상태로 이동하여 막 우측의 염산 수용액에 접촉한다.

산성 조건에서는 나트륨-모넨신의 결합이 끊어져 나트륨 이온은 염산 수용액 중에 방출되고 모넨신은 막 안에 남는다.

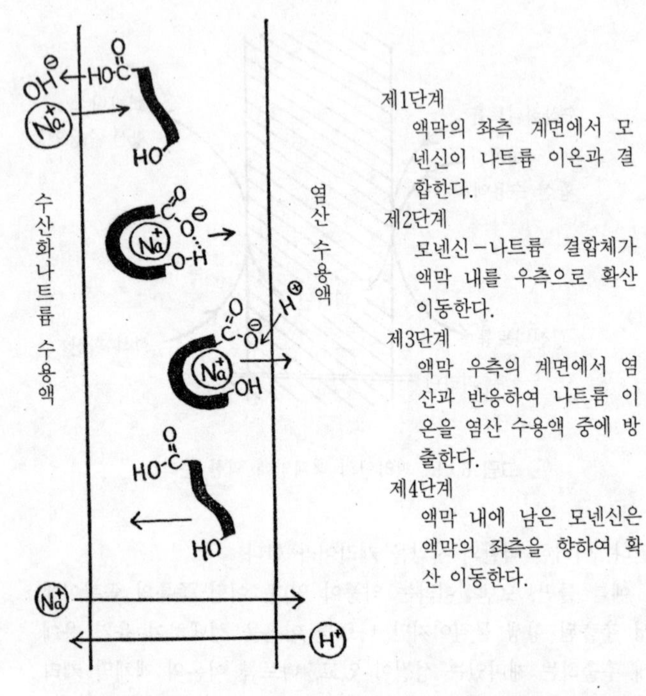

그림 6·6 모넨신 액막에 의한 나트륨 이온의 수송

남은 모넨신은 다시 막 좌측으로 이동하여 수산화나트륨 수용액과의 접촉면에서 나트륨 이온을 추출하고 이 과정을 반복한다.

액체막의 두께는 1mm 이하의 박막이므로 U자관일 때의 실험과 같이 유기 용매층을 섞지 않아도 나트륨－모넨신 화합물이나 모넨신을 막 내에서 자연 확산에 의해 농도가 높은 계면에서 낮은 계면으로 이동해 간다. 모넨신은 나트륨 이온과는 강하게 결합하지만 칼륨 이온과의 결합은 약하다. 따라서, 막 좌측에 나트륨, 칼륨 이온이 공존해 있어도 나트륨 이온만 선택적으로 우측으로 수송된다.

또한 재미있는 것은 좌측의 나트륨 이온 농도가 우측 나트륨 이온 농도보다 낮아도 좌측이 알칼리성, 우측이 산성인 한, 나트륨 이온은 우측에 수송되는 것이다. 즉, 농도가 낮은 쪽에서 농도가 높은 쪽으로 막을 건너서 이온이 수송되므로 살아 있는 세포에서 볼 수 있는 능동 수송과 비슷한 현상이다.

농도가 낮은 쪽에서 높은 쪽으로 물질을 펌프업(up)하기 때문에 어떤 외부로부터의 에너지가 필요하다. 살아 있는 세포로는 이 에너지는 ATP(아데노신 3인산)의 분해로 공급되지만 모넨신 액체막에서는 좌측의 수산화나트륨과 우측 염산의 중화 반응의 에너지에서 공급된다.

여하튼, 이러한 인공막에서 나트륨 이온이 선택적으로, 능동 수송적으로 수송되었다는 것은 매우 흥미있는 연구 성과이다.

이러한 액체막에 의한 물질 수송에 대해서는 어떠한 캐리어를 사용하고 어떠한 추출 과정을 이루는가에 의해 산, 알칼리의 중화 반응 이외에 산화제－환원제의 조합에 의한 산화 환원 반응 등도 물질 수송력에 이용할 수가 있고 그 때의 추출 과정에 만들어진 화학 반응의 특수성에 의해 막수송에 따른 이온이나 물질 분리의 선택성을 높일 수 있다.

결점

이렇게 액체막은 살아 있는 세포막 정도로 정밀하지는 않아도 선택성이 높은 분리법으로 흥미가 많음에도 불구하고 아직 실험실적 연구 단계로 실용화된 것은 없다.

이것은 다음과 같은 결점이 있기 때문이다.

우선 첫째로 수송 속도가 매우 느려서 한 실험에 1~2일 정도 걸리는 것은 보통이다. 일정 시간에 수송되는 물질량은 막 면적에 비례하므로 막 면적이 넓을수록 유리하지만 액체막인 경우 막 양측의 수용액량에 대해 막의 면적을 넓게 하는 것은 한도가 있다.

또한, 액체막을 비눗방울과 같이 표면 장력만으로 장시간 안정하게 유지하는 것은 불가능하므로 다공성의 고분자 막에 액체막용인 유기 용매를 스며들게 해서 액체막을 만드는 것이 보통이다. 이러한 액체막 중에서 캐리어 분자가 확산만에 의하여 이동하는 것은, 막이 수백mμ이라는 얇은 두께라도, 시간이 걸리는 과정이다.

둘째로는 핀홀의 발생이다. 액체막에 사용되는 유기 용매는 물에 녹기 어려운 용매가 선택되지만 매우 소량은 역시 물에 녹는다. 원래 액체막에 사용되는 유기 용매량은 양측을 만족하고 있는 수용액량에 비교하면 극단적으로 적다. 따라서, 조금이라도 유기 용매가 물에 녹아 나오면 액체막에 핀홀이 생성되게 된다.

액체막을 사용하는 실험에 있어서는 수용액은 액체막의 유기 용매에서 미리 포화시키는 등의 주의는 하지만 장시간(1~2일)인 실험에서는 핀홀 발생이 일어나는 경우가 있다. 핀홀이 생기면 핀홀을 통하여 양측 수용액 혼합이 일어나므로 겨우 분리해도 다시 본래대로 되어 버린다.

C. 유화 액체막

앞에 서술한 액체막의 막투과 속도를 몇 분~몇십 분까지 올리기 위해 공정된 것이 유화 액체막(乳化液體膜)이다. 이 방법에서는 액체막의 막 면적을 극단적으로 크게 함으로써 투과 속

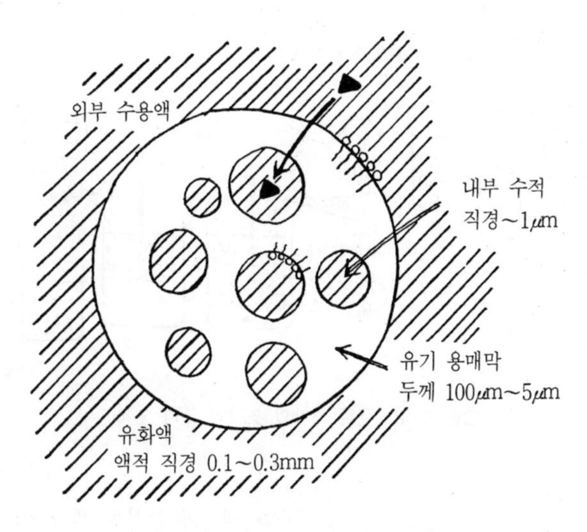

그림 6·7 유화 액적의 구조 모식도

도를 높이는 데 성공했다.

원리적으로는 그림 6·7에 모식적으로 나타낸 것처럼 물방울이 분산한 기름 방울을 물 안으로 분산시킨 것이다. 그림 6·4의 액체막에 대비시키면 그림 6·7의 외부 수용액이 그림 6·4의 좌측 수용액, 그림 6·7의 내부 수용액이 그림 6·4의 우측 수용액, 유화액을 구성하고 있는 유기 용매가 그림 6·4의 액체막에 상당한다. 그림 6·5와 같은 추출 과정이 일어난다고 하면 외부 수용액 중의 성분이 유화 액적 내의 내부 수용액 중에 수송되게 된다.

구체적으로는 그림 6·8에 나타낸 것과 같은 순서로 유화 액적이 만들어진다. 먼저 계면 활성제의 도움을 빌어 액막에 상당하는 유기 용매 안에 물방울을 분산시킨다. 이 유화액을 다시

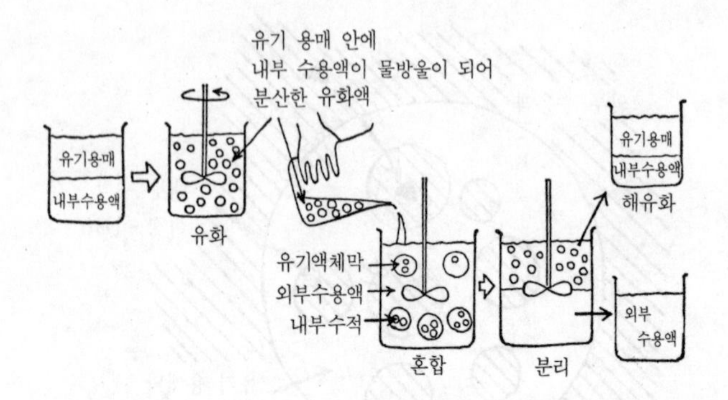

그림 6·8 유화 액막의 조정과 분리 조작

외부 수용액 안에 넣어 저으면 유화 액적이 분산한 계가 생겨 곧바로 액막 투과가 시작된다.

잠깐 젓고 나서 멈추면 물층과 그 위에 유화액이 모인다. 이 유화액층을 분리하여 적당한 방법으로 유화를 깨뜨리면 유기 용매층과 내부 수용액층으로 나누어진다. 이렇게 하여 외부 수용액 중의 특정 성분을 내부 수용액 중에 분리, 농축할 수 있다.

유화 액체막 계에서는 직경 0.1~0.3mm의 무수한 유화 액적이 생성되므로 외부 수용액량에 비해 매우 막 면적이 크게 된다. 그 때문에 통상은 액체막으로 1~2일이 걸리는 실험이라도 몇 분~몇십 분에 완료될 정도로 투과 속도가 크다.

난점은

그러나 유화 액체막도 좋은 것 뿐만이 아니라 난점도 있다.

먼저 이러한 이중 유화 액적이 안정하게 생성되기 위한 계면 활성제의 선택이다. 현재 어떤 유기 용매—물 계에서 이와 같은 이중 유화 액적을 부여한 계면 활성제는 알려져 있지만 그 적용 범위가 한정되어 있다. 또한, 이러한 유화 액적계를 너무 세게 저으면 액체막이 파괴되어 내부 수용액이 외부 수용액과 혼합해 버린다. 계면 활성제의 선택에 의해 어느 정도 안정된 유화 액적이 된다고 해도 젓는 속도에는 한도가 있게 된다.

또 하나의 난점은 혼합물을 정치하고 유화 액적을 외부 수용액으로부터 분리한 후 이 유기 용매 안에 분산되어 있는 내부 수용액의 회수법에 관한 것이다.

막투과 과정으로는 유화 액적은 아주 안정되어야 하지만, 유화 액적을 모아 이 안의 내부 수용액을 꺼내는 단계에서는 비교적 간단하게 액막이 파괴되지 않으면 안되므로 양자의 균형이 어렵다. 원심 분리법이라든지 화학적인 탈유화제가 시험되고 있는 외에 전기적으로 액막을 파괴하는 방법이 유망하다고 한다.

이 유화 액체막은 미국의 리 박사들에 의해 개발된 것으로 예를 들면 캐리어로서 트리드데실아민이란 약품을 녹인 광유를 계면 활성제의 도움을 얻어 유화 액적으로 하고 외부 수용액 100mℓ에 녹아 있는 100ppm 농도의 6가 크롬 이온을, 내부 수용액인 10mℓ의 수산화나트륨 수용액에 겨우 4분간 900ppm까지 농축하는 데 성공하고 있다.

이 방법은 단위 장치 체적당 투과 속도가 매우 크므로 현재 공업화가 무엇보다도 유망시되고 있는 액체막계이다.

d. 퍼베퍼레이션

고어텍스라는 소재로 된 스포츠웨어나 레인코트가 알려져 있다. 고어텍스 제품은 물에 젖어도 빗물이 스며들지 않지만 땀이

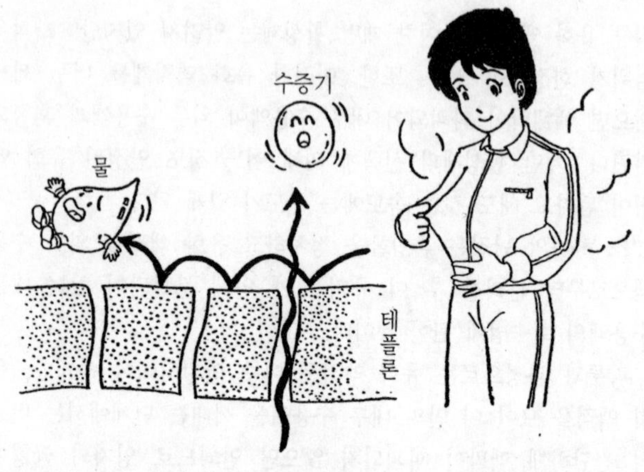

그림 6·9 고어텍스는 수증기는 통과하지만 물방울은 통과하지 못한다.

나도 무덥지 않은 성질이 있다.

고어텍스는 왜 이러한 모순된 성질을 겸비하고 있는 것일까. 그 비밀은 고어텍스의 소재가 테플론이라는 불소 수지라는 것과 이 고어텍스에는 미크론오더[오더란 형(桁)만을 문제로 삼는 생각]의 무수한 세공이 열려 있는 곳에 있다.

테플론은 테플론 가공의 프라이 팬으로 알려진 것과 같이 물을 튀기는 성질이 있다. 고어텍스 위에 물방울이 떨어져도 물에 젖지 않으므로 물방울은 연꽃의 꽃잎 위에 있는 물방울과 같이 굴러 떨어져 고어텍스의 세공 안으로 들어가지 않는다. 한편, 수증기는 기체로 미크론 크기 정도의 세공이라도 자유롭게 드나들 수가 있다. 땀의 수분도 수증기가 되어 증발하고 고어텍스의 세공을 통과하여 없어지므로 젖지 않는다

물은 통과하지 않지만 수증기가 통과하는 막은 고어텍스 이외에도 다수 개발되고 있으며 우리 주변에서 한창 응용되고 있다.

이러한 막은 전자 현미경으로 찾아보면 표면에 미크론오더의 무수한 세공이 열려져 있음을 알며 이 세공을 통해서 수증기가 나가는 것은 앞에서도 서술한 바와 같다.

구멍이 없어도 통과한다

그런데 기체 종류에 따라서는 이러한 세공이 열려 있지 않아도 고분자 화합물의 박막에 융합되어 박막 내를 확산하여 도망가 버리는 기체도 있다.

예를 들면, 물로 희석시킨 알코올 중에서 알코올만을 분리하는 막이 개발되고 있다.

원리는 물, 알코올 혼합물이 이 분리막에 접촉하면 물은 이 막과 잘 어울리지 않지만 알코올은 잘 어울리므로 알코올만을 막 안에 융합시키고 막 안을 확산하여 막의 반대측에서 알코올이 증발해 온다. 이 증기를 보다 차갑게 하면 알코올만 회수되는 것이다.

이 방법은 막으로의 침투(퍼미에이션)와 증발(베퍼레이션)을 조합시킨 분리법이므로 퍼베퍼레이션이라 하지만 에너지 절약의 새로운 막분리법이다.

오일 쇼크이래 에너지원의 다양화가 대두되어 예를 들면 식물자원의 발효에 의해 얻을 수 있는 알코올(에탄올)은 석유 대체물로서 기대되고 있다. 그러나 발효법으로는, 에탄올은 10% 이하의 희박 수용액으로서 얻을 수 있으므로 증류법으로 분리 농축해야 한다. 이 증류를 위한 거대한 에너지가 필요하게 되어 겨우 식물자원의 발효로 에탄올을 생산해도 증류법에 의한 분리, 농축에 그 에너지의 대부분을 소비해 버리게 되어 수고한 보람이 없는 헛수고가 되어 버린다.

여기서 앞서 서술한 것과 같은 퍼베퍼레이션 막을 사용하면 발효법에서 얻은 희박한 알코올 수용액에서 거의 에너지를 필요로 하지 않고 알코올만을 분리할 수가 있다.

또한, 고분자 막의 화학 구조를 바꿈으로써 알코올과는 어울리기 어렵고 물과 어울리기 쉬운 막을 만들 수도 있다. 이러한 막을 사용하면 희박한 알코올 수용액에서 퍼베퍼레이션에 의해 물만을 선택적으로 분리하고 알코올을 농축하는 것도 가능하다.

현단계에서는 알코올의 분리 정도나 막의 내구성, 비용 등의 점에서 아직 실용화에는 멀지만 장래에 크게 기대되는 분리법이다.

e. 기체 분리막

수소 가스로 부풀린 고무 풍선은 어느새 바람이 빠져 버린다. 이렇게 수소 가스가 고무 풍선과 같은 세공도 없는 고무의 박막을 통과하기 쉬운 것은 예로부터 알려져 온 사실이다. 실온에서는 수소 가스의 투과는 눈에 보일 정도는 아니지만, 고온이 되면 매우 빨리 없어져 버린다. 이미 1831년 프랑스에서 미첼이란 학자가 고무막에 대하여 기체의 종류에 의한 투과성에 차가 있다는 것, 그것도 기체 중에서 수소가 가장 투과하기 쉽다는 것을 보고하고 있다.

금세기에 들어와 고분자 화학의 진보와 함께 여러 가지 분자 구조의 고분자 막이 만들어지게 되고, 막의 분자 구조와 기체의 투과성과의 관계가 차례로 명백해져 왔다.

그 결과, 막에 대한 기체의 투과성은 고분자 막에 대한 기체 분자의 융합 정도와 융합된 기체 분자의 막 내에서의 확산 정도에 의존하고, 융합되기 쉽고 확산되기 쉬운 기체일수록 막을 잘

그림 6·10 막에 대한 기체 분자의 투과성은 막 안에서 기체 분자의 확산 속도에 의존한다.

투과한다는 것을 알았다.

수소 가스는 말할 것도 없이 수소 분자의 집합체이다. 수소 분자는 현존하는 분자 중에서 가장 작은 분자로 효소, 질소, 이산화탄소(탄산 가스) 등의 분자는 수소 분자에 비하면 1.7~3배나 크다. 가장 작은 이 수소 분자가 막 안에서의 확산 속도도 가장 빠르다.

그래서 여러 가지 가스 혼합물에서 수소 가스만을 선택적으로 분리·농축하기 위한 기체 분리막이 개발되고 있다. 수소 가스는 화학 공업에서도 합성 화학 원료로서 대량으로 사용되고 있지만, 사용하지 않는 배기 가스 중에서 미반응인 수소가 막 분리법으로 회수할 수 있다면 자원 절약적인 점에서라도, 제품의 비용 개선면에서라도 매우 효과가 있다.

그럼에도 불구하고, 배기 가스는 일반적으로 100~150℃의 고온이므로 고온에서의 사용에 견디는 막이어야 한다. 예를 들면, 현재 공업적으로 사용되고 있는 수소 분리막의 한 예로 폴리설폰이라는 다공성 고분자막 위에 폴리디메틸실록산이란 고분자 화합물을 몇 미크론 두께로 얇게 바른 것이다.

폴리설폰의 다공성 막은 막의 기계적 강도를 보완하기 위한 것으로 폴리디메틸실록산의 박막이 분리 기능을 발휘하는 2층 구조이다. 이것은 한외 여과막(제2장)과 같은 비대칭 구조의 분리막이 된다. 이러한 막을 사용하여 1시간에 3000m^2의 수소가 분리될 수 있는 대규모적인 분리 장치도 개발되고 있다.

산소 부화막

또한, 산소 부화막(酸素富化膜)이란 것도 있다. 공기는 약 21%의 산소, 약 79%의 질소를 포함하고 있으며 가정용 가스 난로에서 화력 발전소의 보일러에 이르기까지 모두 이 공기에서 연료가 능률적으로 연소되도록 설계되고 있다. 하지만 질이 나쁜 연료를 사용하면 잘 타지 않고 온도도 별로 높아지지 않는다. 이러한 경우, 산소를 보급하면 잘 타게 되며 양질의 연료를 태웠을 때와 같이 고온에 도달할 수 있다.

또한, 양질의 연료를 태웠을 때도 산소가 많은 공기를 사용하면 보다 고온에 도달할 수 있다.

이러한 목적 때문에 보통 공기보다 산소를 많이 포함한 공기를 연소용 공기로써 사용하면 매우 상태가 좋은 경우가 종종 있다.

그럼에도 불구하고 공기 중의 산소를 농축하는 것은 그렇게 간단한 것은 아니다. 공기를 가압, 냉각을 반복하여 액체 공기를 만들고 질소(－195.8℃)와 산소(－183℃)의 비등점 차를 이용하여 분별 증류에 따라 순도 99% 정도의 산소를 만드는 공업적 방법은 있지만 매우 많은 에너지를 필요로 하고 또한, 연소용에는 그렇게 순수한 산소를 사용할 필요도 없다.

한편, 화학 반응으로 산소를 발생시키는 수단도 있다. 예를 들면, 제트 여객기에서 각실 내의 비상용 산소 마스크의 산소원에 사용되고 있는 것도 있지만, 연소용에는 대량의 산소를 필요로 하므로 비용적으로 확실히 문제가 되지 않는다.

반면에 산소 부화막은 질소 가스보다 산소 가스를 통과하기 쉬운 비다공성 고분자 박막이다.

예를 들면, 폴리비닐페놀과 폴리디메틸실록산이라는 두 성분에서 생긴 고분자막이 있다. 실록산 성분이 적을수록 가스는 투과하기 쉽지만 산소와 질소의 분리도는 나쁘게 되고, 실록산 성분이 많게 됨에 따라 가스는 투과하기 어렵게 되지만 효소와 효소의 분리율은 향상하는 경향이 있다. 따라서, 산소 부화 공기의 사용 목적에 따라 양 성분의 혼합비를 결정해야 한다.

연료를 잘 소화시키기 위해서는 공기중 산소 농도는 25~30%가 충분하지만 연소용에는 대량의 공기를 필요로 한다. 따라서 이 목적에는 산소와 질소의 분리도는 적절하더라도 가스 투과성이 큰 산소 부화막이 사용된다.

연소용 공기와는 별도로 산소 흡입용인 산소 부화 공기의 용도도 있다. 미숙아나 호흡 질환 환자에게 산소 흡입용으로 사용되는 공기는 산소 농도 40% 정도가 적절하며 이보다 산소 농도가 높아지면 거꾸로 생명의 위협이 따른다. 또한, 흡입용인 경우는 필요량은 적어도 1분간 4*l* 정도로 충분하다. 따라서, 이 목적에는 가스 투과 속도는 별로 크지 않지만 산소와 질소의 분리도가 높은 산소 부화막이 사용된다.

종래, 산소 흡입용에는 봄베에 넣은 순도 99% 이상인 산소를 조금씩 공기에 혼합하여 사용하고 있지만, 산소 부화막을 사용한 장치 쪽이 산소 봄베의 보급을 개의치 않고 언제라도 산소 부화 공기를 발생시킬 수가 있어 편리하다.

이미 TV 정도 크기의 거치형(据置型) 의료용 산소 부화 공

그림 6·11 산소를 선택적으로 투과하는 산소 부화막

기 발생 장치가 시판되고 있으며 산소 40%를 포함한 공기를 매분 4~8*l* 발생할 수 있다. 장래에 보다 축소된 휴대용 산소 부화 공기 발생 장치의 개발도 꿈만은 아니다.

수소 분리막이나 산소 부화막 이외에도 여러 가지 기체 분리막이 연구되고 있다.

예를 들면, 이산화탄소(탄소 가스)를 메탄 가스나 일산화탄소에서 분리하는 막도 연구되고 있다. 즉, 이산화탄소가 비교적 융합되기 쉬운 고분자막, 예를 들어 술포란이나 에틸렌 글리콜과 같은 약품을 배합한 고분자막에는 이산화탄소가 잘 융합되지만 메탄이나 일산화탄소는 융합하지 않으므로 양자를 분리할 수가 있다. 예를 들면, 침수 처리장에서 발생하는 메탄과 이산화탄소의 혼합물, 또는 석유 화학 공업에서의 배기 가스(이산화탄소와 탄화수소의 혼합물) 등에서의 이산화탄소의 분리에 응용할 수가

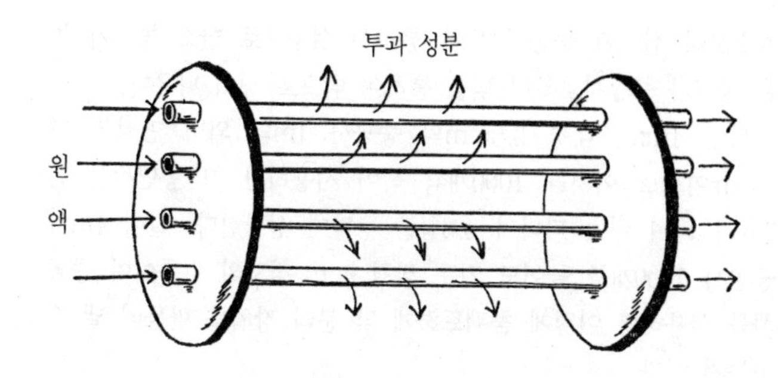

그림 6・12 중공사형 분리막의 원리

있어 일부에서는 공업화에 성공한 예도 보고되어 있다.

실용적인 중공사형 막

이같은 막 분리의 경우 기체 투과량은 막 면적에 비례하므로 평평하고 넓은 막을 사용하면 장치가 매우 크게 된다.

또한 가공이나 압축을 하여 가스를 투과시키면 넓은 평막에서는 아주 튼튼한 받침대를 생각하지 않으면 막이 파괴해 버린다. 그 때문에 실용적인 막 분리에서는 중공사형 막이 한창 이용되게 되었다.

중공사 형의 분리막은 마카로니를 가늘게 한 것과 같은 모양을 하고 있어 마카로니 벽이 분리막 기능을 갖고 있는 것이다. 원료 가스를 중공사 안의 구멍을 통하여 흐르게 한다. 구멍 직경이 1mm 이하의 작은 구멍이므로 다소 압력을 주지 않으면 원료 가스는 빨리 흐르지 않는다. 원료 가스가 흘러 가는 사이에 중공사 벽을 통하여 투과성 가스가 실 밖으로 나간다.

예를 들면, 산소 부화막 경우에는 공기를 중공사 안에 보내면 질소보다 산소가 중공사 벽을 통하기 쉬우므로 산소 농도가 높은 공기가 중공사로부터 벽을 통하여 밖으로 새어 나온다.

외경 1mm, 내경 0.5mm의 중공사 1m의 외벽 면적은 약 78cm^2이므로 이것을 1000개씩 묶어 사용하면 그 총면적은 7.8m^2가 되며 이는 다다미 4.8첩분 평막에 상당한다. 길이 1m의 중공사 1000개를 묶어도 겨우 직경 4cm 정도의 원통이며 중공사를 사용하면 어떻게 콤팩트하게 막 분리 장치를 만들어 낼 수 있는지 안다.

중공사형 분리막은 장치 크기에 비해 막 면적을 매우 크게 할 수 있으므로 기체 분리막에 한하지 않고, 제2장에서 서술한 한외 여과나 역침투에 의한 분리에 있어서도 중공사형이 사용되고 있다.

신장 기능을 대행하는 인공 투석 장치도 중공사형이 사용된 후 처음으로 현재 사용되고 있는 접는 우산 정도의 콤팩트한 것이 되었다.

Ⅶ. 기타 분리법

a. 전기에 의한 분리법

식염(염화나트륨)을 물에 녹이면 이온으로 분리하고 나트륨은 양이온(양전하를 가짐)으로서 또한 염화물은 음이온(음전하를 가짐)으로서 존재한다.

전해조를 이 식염 수용액으로 간주하고 이것에 양극과 음극으로서 2장의 백금판을 붙여 양극간에 직류 전기를 흐르게 하면 용액 중의 나트륨 이온(양이온)은 음극으로 향해 당겨지고 한편 염화물 이온(음이온)은 양극으로 당겨진다. 이를 이온의 영동(泳動)이라 한다.

나트륨 이온이 음극 위에 도달하면 나트륨의 양전하는 음극의 음전하로 중화되므로 금속 나트륨이 백금 전극 위에 생성되지만 곧 전해 액의 물과 반응하여 수산화나트륨과 수소 가스가 되어 버린다. 따라서, 음극 표면에서는 수소 가스의 기포가 나온다.

양극에서는 염화물 이온의 음전하가 중화되므로 염화물 이온은 염소 가스가 되고 양극 표면에서는 염소 가스의 기포가 발생한다. 이같은 조작을 전기 분해라 하며 전기의 힘을 빌어 수용액 중의 양이온과 음이온을 분리하는 하나의 수단이다.

전기 분해처럼 전극 표면에서 이온 전하를 중화하여 전극 위에 목적물을 생성시키는 방법 외에 수용액 중에서의 이온의 영동 방향, 영동의 속도차를 이용하여 분리할 수 있다.

그림 7·2에 나타낸 것처럼 U자관의 중앙부에 예를 들어, 단백질의 혼합 용액을 넣고 그 양쪽에 경계면이 흩어지지 않도록 일정 pH의 완충액을 넣는다. 완충액이란 외부 조건이 변화해도 pH를 일정하게 유지하는 작용을 갖고 있는 용액이다. 이 완충액 상단에 전극을 넣고 U자관에 직류 전류를 흐르게 한다.

단백질은 용액의 pH에 의해 양이온이 되거나 음이온이 되기

그림 7·1 이온의 전기 영동

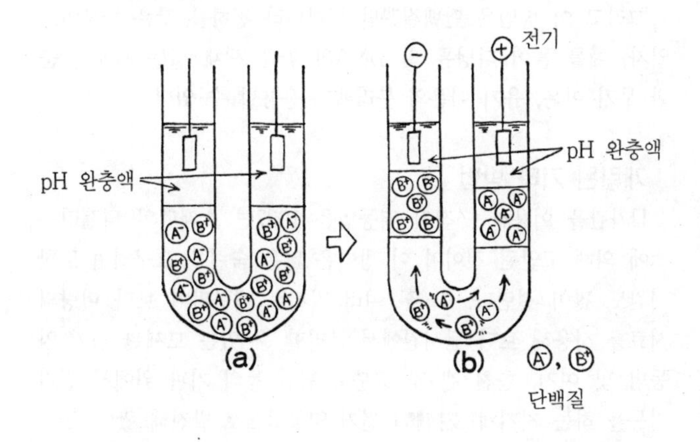

그림 7·2 전기 영동의 개념도 (a):분리 전, (b):분리 후

도 한다. 지금 실험을 하는 pH에서 단백질 A는 음이온, 단백질 B는 양이온이 되어 있다고 하면 단백질 A는 양극을 향해 영동하고 단백질 B는 음극을 향해 영동한다.

이 영동의 속도는 매우 늦으므로 A와 B를 완전히 분리하는 것이 곤란하지만 액의 경계면이 흩어지지 않게 조용히 장시간에 걸쳐 영동시키면, 이동하는 경계면에서는 농도가 변하여 그것에 의해 굴절률과 색의 변화로 그 경계 이동의 상태로부터 두 가지 단백질의 분리 상태를 알 수가 있다.

이같은 분리법을 전기 영동이라 하며 영동 방향 및 거리는 단백질의 분자 구조에 의해 다르므로 전기 영동에 의해 단백질의 복잡한 혼합물을 분리하여 구성 성분의 특성을 밝힐 수가 있다.

그리고 이 방법은 단백질뿐만이 아니라 전하를 갖은 콜로이드 입자, 예를 들어 다당류 및 DNA와 같은 생체 성분 외에 단순한 무기 이온, 유기 이온의 분리에도 응용할 수 있다.

개량된 기타 방법

U자관을 이용하는 전기 영동법은 1937년 스웨덴의 티젤리우스에 의해 고안된 것이며 이 방법은 많은 숙련을 요구하며 또한 시간도 많이 걸린다. 그 후 여러 가지로 개량되어 보다 미량의 시료를 사용해 보다 단시간에서 분리할 수 있는 모세관 전기 영동법 및 여지, 한천 겔 및 고분자 필름 등의 기판 위에서 전기 영동을 하는 지지체(支持體) 전기 영동법으로 발전해 왔다.

모세관 등속 전기 영동법(isotachophoresis)은 모세관(내경 0.5mm, 길이 40~100cm) 안에 적당한 조성과 pH로 조제한 선행액과 후속액을 채우고 그 경계면에 미량의 시료 용액을 주입하여 전기 영동을 하는 것이다.

선행액, 후속액 그 자체는 정지한 상태로 있으나 전기장 안에서 이들 액에 포함되어 있는 전해질(이온)은 각각 전극을 향해 영동한다. 그 때에 시료 중의 이온도 선행액, 후속액의 이온에 들어간 상태로 영동한다. 그럼에도 불구하고 각 이온의 움직임이 다르므로 모세관의 한쪽에서 행한 검출기에서 각각의 이온을 검출, 정량하고 시료의 구성 성분을 분석할 수가 있다. 물론, 이 방법에서는 아주 미량의 시료에 대해서 분석하므로 분취(分取)의 목적에는 응용할 수 없다.

지지체 전기 영동법도 대량의 시료 분취에는 적합하지 않으나 미량의 시료에 대해서는 다종류의 구성 성분을 지지체 위에 밴드 모양(zone)으로 분리할 수 있다. 또한 조작에 숙련을 요구하지 않는다.

오늘날 전기 영동이라는 것은 거의 지지체 전기 영동을 일컫는다.

지지체로 사용되는 것은 다종류에 걸쳐 있지만 대표적으로는 여지, 초산, 셀룰로오스 막, 전분 겔, 한천(아가로스) 겔, 폴리아크릴아미드 겔 등이 있다.

어떤 경우에도 시료 중의 각 성분은 지지체 표면 및 겔플레이트 안을 각각 독립하여 밴드 모양으로 되어 이동하며, 그 이용속도가 다르므로 복잡한 성분도 쉽게 분리할 수가 있다. 복잡한 성분도 쉽게 분리할 수가 있다. 장치가 간단하고 비교적 값이 싸므로 조작도 숙련을 요하지 않으며 미량의 시료를 사용하여 한번에 다수의 시료 분리도 가능하다는 것 외에 많은 특징을 갖고 있다. 그림 7·3에 아크릴아미드 겔플레이트 위에서 유전자의 일종인 DNA 단편 혼합물의 전기 영동 결과를 나타내고 있다.

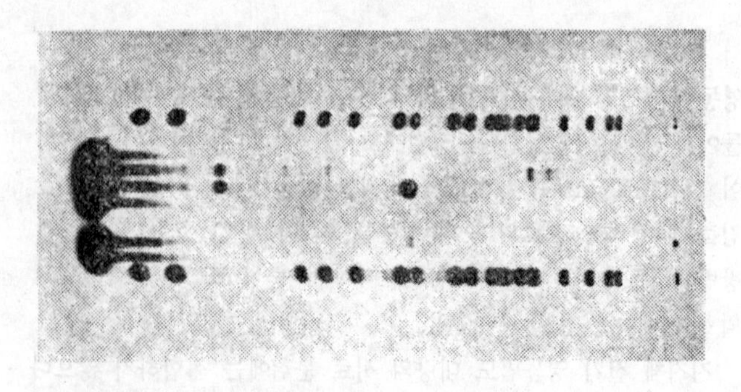

그림 7·3 아크릴아미드 겔플레이트 위에서의 DNA 단편 혼합물의 전기 영동

공기 중의 미립자 제거도 전기에 의해 분리

전기의 인력에 의한 분리는 기체 중의 고체 미립자의 분리에도 응용되어진다. 기체 중의 고체 미립자는 에어 필터에 의한 여과로 분리할 수 있으나 미립자의 크기가 작아짐에 따라 여과에 의한 분리는 곤란하다. 또한, 대량의 기체 중의 아주 미량의 미립자 분리에는 여과는 별로 효과적인 방법은 아니다. 기체량이 많아짐에 따라 여과를 위해 대량 에너지가 필요하며 여과 면적을 넓게 하지 않으면 안되기 때문이다.

이같은 방법에는 코트렐 집진 장치라는 전기적 방법이 편리하다. 이 장치는 두 가지 집진용 전극 판의 중간에 방전 판의 심선(芯線)이 있다. 집진용 전극이 (+)로 방전판이 (−)로 되게 하여 약 10만V의 고전압을 가하면 방전이 일어나 공기가 이온화 되어짐에 의해 배기 가스 중의 미립자가 (−)전하를 띠게 되어 집진용 전극에 당겨지게 된다.

이 원리에 의해 1μm 이하의 미립자도 높은 포집률로 포집된다. 또한, 필터와 같이 압손실이 없고 고온, 고습 가스에도 사용

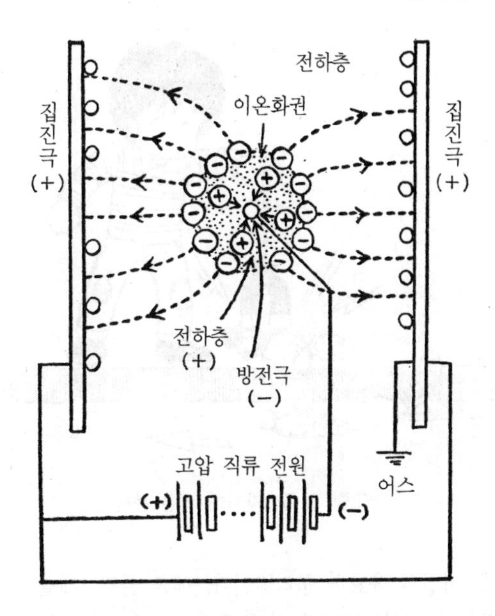

그림 7·4 코트렐 전기 집진 장치

할 수 있는 등 다수의 특징을 갖고 있다.

설비가 대규모로 되고 또한 설비비가 높아지는 등 단점도 있으나 시멘트 공장 및 화력 발전소 등 분진 공해를 일으키기 쉬운 사업소에서 널리 이용되어지고 있다.

b. 자기에 의한 분리법

어린 시절 모래밭을 자석으로 휘저으며 자석에 사철(砂鐵)을 붙이며 노는 경험을 한 사람이 많을거라 생각한다.

그림 7·5 자기에 의한 분리

이것은 사철의 유효한 분리법이다. 예를 들면, 제철 공장에서 용광로로부터 선철(銑鐵)과 함께 흘러 나오는 찌꺼기 중에도 많은 양의 철이 함유되어 있으므로 이 앙금을 분석한 후 자석 안을 통과하면 철 분말만 자석에 붙어 철 이외의 앙금으로부터 분리할 수 있다.

자동차 및 공기캔의 고철도 작은 칩으로 자른 후 자력에 의해 철만을 분리, 회수할 수 있다. 현재에는 자동차에도 철 외에 플라스틱을 포함한 다종류의 재료가 사용되고 있으며 또한, 공기캔도 철 외에 알루미늄도 많이 사용하고 있으므로, 고철에서의 자력에 의한 철 분리는 자원 리사이클에서 중요한 역할을 담당하고 있다.

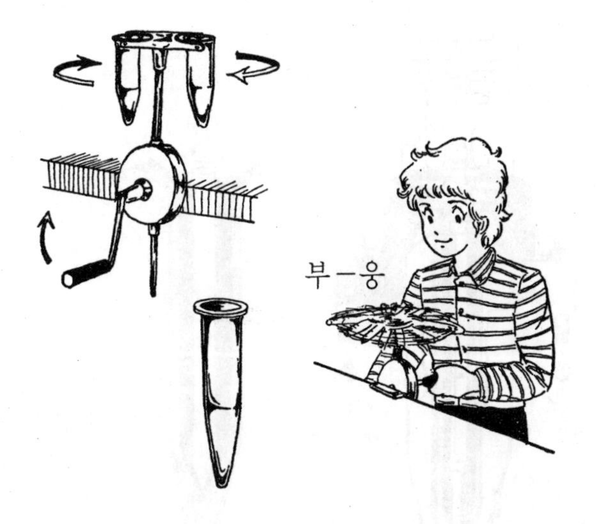

그림 7·6 중력 대신 원심력을 이용하는 원심 침전기

C. 중력에 의한 분리법

흙탕물을 양동이에 넣어 그대로 두면 어느새 흙탕물의 미립자는 양동이 밑에 가라앉고 위에는 깨끗한 물이 된다. 이것은 지구 중력의 움직임으로 물보다 무거운 미립자가 용기 밑에 가라앉기 때문이다.

흙의 미립자가 작을수록 윗 부분이 투명하게 되는데 시간이 걸린다. 입자가 작을수록 중력 또는 힘이 작아서 가라앉기 힘들기 때문이다. 그럼에도 불구하고, 이 탁한 물을 시험관에 넣고 그림 7·6과 같이 원심 침전기에 넣어 매분 수백~수천 회의 속도로 돌리면 중력 대신에 원심력이 작용하게 된다. 실험실에서 통상 사용되는 원심 분리기의 매분 수천~수만 회전이라는

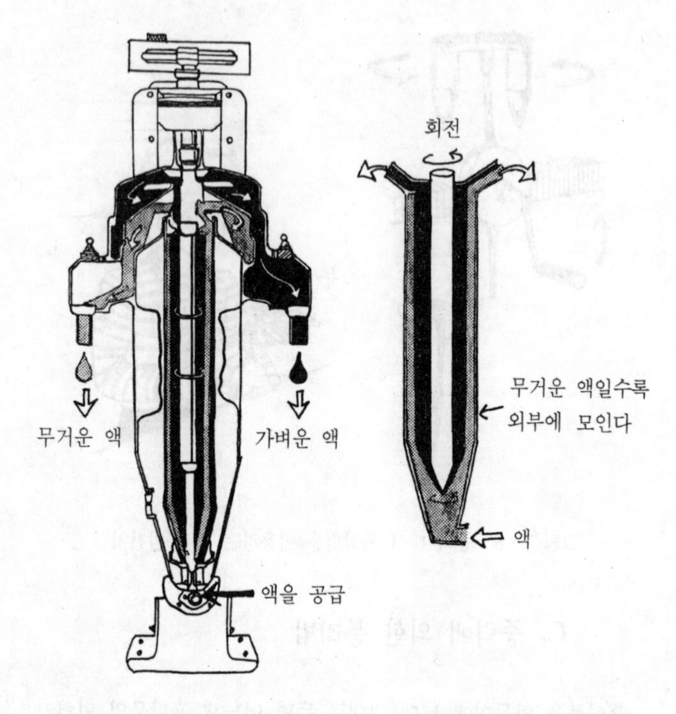

그림 7·7 우유의 지방분을 분리하여 버터를 제조하는 샤플레 스형 연속식 원심 분리기

회전수가 시험관에 미치는 원심력은 중력의 수천~수만배가 되므로 매우 작은 미립자라도 단시간에 침강해 버린다.

또한, 회전수 매분 8만 회라는 초고속 원심기로는 원심력은 중력의 60만배에 달하고 단백질과 같은 고분자 화합물을 분자량 크기로 원심 분리할 수 있다. 즉, 분자량이 큰 단백질일수록 보다 크게 침강하고 시험관 안에 윗 부분부터 분자량이 작은 것에서부터 큰 것으로, 분자량에 따라 순서대로 층 구조로 분리된다.

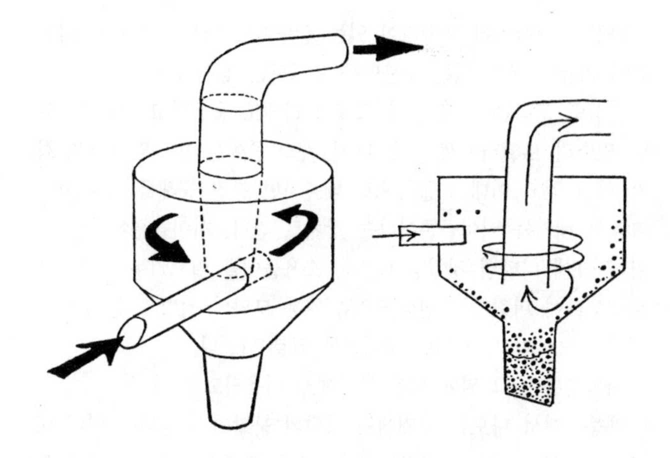

그림 7·8 사이클론 집진기

이 분리용 초원심기는 생체 고분자 화합물의 분자량에 의한 분리에 널리 사용되고 있다.

이와 같이 원심 분리는 고체－액체뿐 아니라 물에 녹아 있는 단백질의 상호 분리까지 응용할 수 있게 되었다. 물론, 비중이 다른 액체 동사(同士)의 분리에도 응용할 수가 있다.

예를 들면, 우유는 단백질(카세인)의 수용액에 지방이 미립자로서 분산해 있는 것이다. 우유의 지방만을 분리한 것이 버터이다. 카세인 수용액과 지방과의 비중에 별로 큰 차이점이 없어서 우유를 컵에 넣어 방치해도 지방분은 위에 잘 떠오르지 않는다. 그러나 우유를 시험관에 넣어 원심기에 작동시키면 지방분은 우유 위에 층을 이루어 분리된다. 분유 공장에서는 그림 7·7에 나타낸 것과 같은 샤플레스형이라는 연속식 원심 분리기에 작동시켜 우유 중에 지방분을 분리하고 버터를 제조하고 있다.

가정용 세탁기에 부속되어 있는 탈수기도 역시 원심력을 이용하여 의류에 붙어 있는 수분만을 분리하는 장치이다.

원심력 분리는 기체 중의 고체 분리에도 응용되고 있다. 미분탄 연소의 보일러에서 연소 배기 가스 중에는 미분말의 석탄회가 섞여 있고 이대로 굴뚝으로 배출하면 분진 공해를 일으킨다. 그래서 배기는 사이클론이라는 장치로 간다. 사이클론에서는 그림 7·8에 나타낸 것처럼 배기는 소용돌이를 일으키듯이 흐르므로 그 때에 미립자는 원심력으로 원통 모양의 기벽에 붙어 밑에 떨어져 모아지고, 기체만 사이클론 위로 나간다.

사이클론은 그 외에 넓은 분야에서 이용되고 있다.

제분기에서 나오는 공기에는 다량의 분말이 포함되고 있어 이를 회수하는 것도 사이클론이다. 또한 제재소에서는 대량의 톱밥이 발생하지만 이것은 전기 소제기와 같은 원리로 흡인 펌프로 모아 공기만 사이클론을 통해 배출시켜 톱밥은 사이클론으로 회수된다.

d. 거품에 의한 분리법

커피를 마실 때 설탕을 넣으면 설탕 입자는 가라앉아 버리지만 크림의 분말은 넣어도 잘 가라앉지 않고 조금 후에 커피 위에 떠 있다.

이것은 설탕은 물에 녹기 쉬우므로 물에 금방 융합되어 가라앉는데 비해, 크림의 주성분은 식물 유지이므로 물과 융합하기가 어렵고 크림 분말은 물을 겉돌게 한다. 그 때문에 크림은 커피 위에 뜨는 것이다. 물론, 크림에는 식물 유지 외에 카세인이나 당분 등도 배합되어 있으므로 스푼으로 저으면 차례로 물에

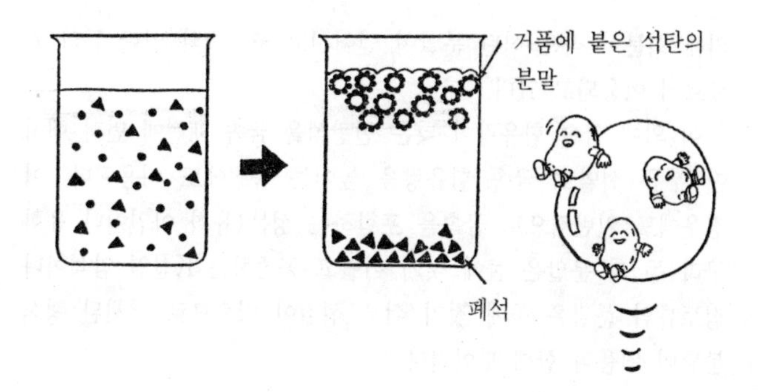

그림 7·9 포말 분리는 석탄 분말과 보타(폐석)의 분리에도 이용된다.

녹는다.

물에 젖기 힘든 분말은 거품이 있으면 거품 표면에 붙는 성질이 있다. 따라서, 거품의 힘을 빌어 물에 젖기 힘든 분말과 물에 젖기 쉬운 분말을 분리할 수가 있다. 이 원리는 부유 선광법(浮游選鑛法)에 응용되어 광석 분말에서 목적 금속의 정광을 분리하기 위해 널리 이용되고 있다.

예를 들면, 산에서 굴출된 석탄은 석탄 외에 '보타'라는 폐석을 포함한다. 다행히 석탄 분말은 물에 젖기 어렵고 보타 분말은 물에 젖기 쉽다. 그래서 굴출한 석탄을 미분쇄하며 물에 넣고 공기를 불어 넣으면서 젓는다. 이 때에 물 안에는 거품이 잘 일도록 계면 활성제(합성 세제와 같은 것)를 넣어 두면 거품이 잘 생기고 이 거품에 석탄 분말만이 붙어 위에 떠오른다. 보타 분말은 물에 젖기 쉬우므로 거품에는 붙지 않고 물 밑에 가라앉는다.

위에 떠오른 거품을 모아 석탄 분말을 회수한다. 이 방법에 의해 회분이 적은 석탄 분말이 얻어지고 코크스와 연탄 등의 원료로서 이용되고 있다.

이 외에 금속 함유량이 낮은 빈광석을 금속 재련에 먼저 행하여 부유 선별로 금속 함유량을 높이는 목적에도 이용된다. 이 경우에도 일반적으로 금속을 포함하는 성분(유화 아연이나 유화 구리 등)의 분말은 물에 젖기 어렵고 공존하는 K산염 암석이나 점토류의 분말은 물에 젖기 쉬운 성질이 있으므로 정제된 광석 분말이 거품과 함께 모아진다.

e. 확산에 의한 분리법

바람없는 닫힌 방안에서 모기향을 피우면 연기는 일직선으로 천정까지 올라가지만 몇 시간 후에는 방안 가득히 차고 만다.

일반적으로 같은 온도, 다른 종류의 기체를 함께 놓으면 전체 농도가 하나가 되기까지 기체 분자 이동이 일어나 시간이 충분히 지난 후에는 균일한 기체 혼합물(그림 7·10 ③)이 되어 버린다. 이러한 분자 이동을 확산이라 한다. 어떠한 매체 안을 어떠한 분자가 이동하는가에 의해 확산하는 분자의 이동 속도가 다르다. 같은 매체 안을 같은 온도로 질량이 다른 입자가 확산하는 경우에는 질량이 큰 입자일수록 확산 속도가 느리게 된다.

이 원리를 응용하여 큰 질량의 분자와 작은 질량의 분자를 분리할 수가 있다.

우라늄은 원자력 발전의 원료로서 중요한 자원이지만 천연 우라늄은 질량수 238, 235, 234 세 종류의 우라늄 독립체 혼합물로 그 조성은 각각 99.3%, 0.72%, 0.0057%이다. 이 중의 핵연료로서 사용되는 것은 질량수 235의 우라늄으로 천연 우라늄 중

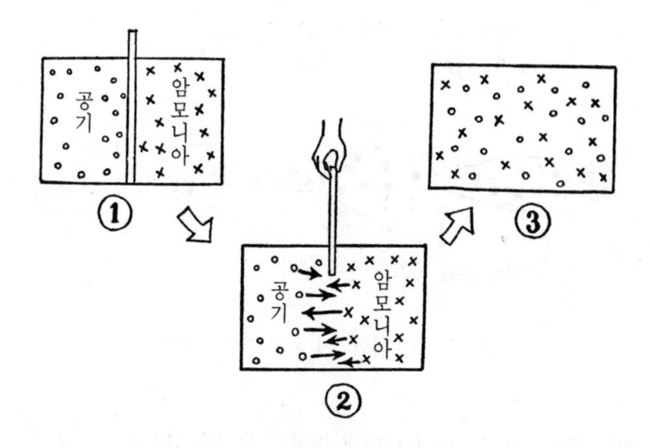

그림 7·10 기체 확산

질량수 235의 우라늄 함유량을 높인 것이 농축 우라늄이다.

그럼에도 불구하고 천연 우라늄의 주요 성분은 질량수 238의 우라늄이며 질량수가 약간 적은 질량수 235의 우라늄을 분리 농축하는 것은 간단하지는 않다. 왜냐하면, 화학적 성질은 똑같으며 화학적으로 분리하는 것은 거의 불가능하기 때문이다. 그 때문에 적은 질량수차로 확산 속도가 다른 것을 이용한 확산법으로 238과 235의 분리가 행해지고 있다.

우라늄 자신은 금속 원소이므로 가열하여 기화시키는 것은 간단하지 않다(융점 1132℃, 비점 3818℃). 그러나 불소와 결합한 6불소화우라늄은 56℃에서 기화하여 가스 상태가 되므로 6불소화우라늄 가스를 세밀한 노즐에서 분출시켜 질량수의 차에 의한 확산 속도차를 이용하여 우라늄 235의 함유량을 높인다.

즉, 우라늄 238에서 생성된 6불소화우라늄과 우라늄 235에서 생성된 6불소화우라늄에서는 한 분자의 질량에 따라 차이가 조

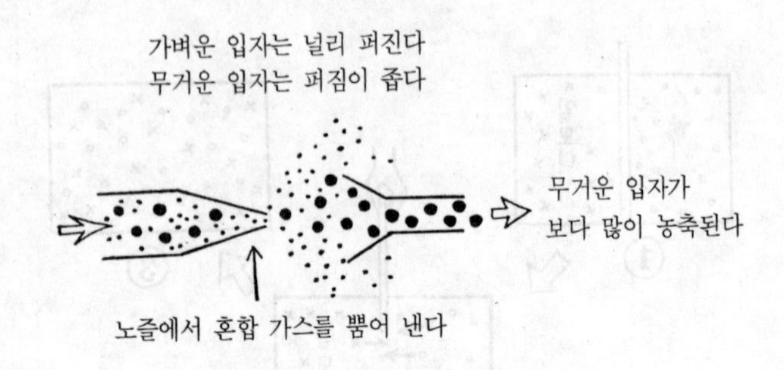

그림 7 · 11 확산법에 의한 우라늄 농축

금 있다. 그림 7 · 11에 나타낸 것처럼 무거운 입자와 가벼운 입자의 혼합물을 세밀한 노즐로부터 분출시키면 무거운 입자는 별로 퍼지지 않고 노즐의 분출구 방향에서 곧바로 날아간다. 가벼운 입자는 무거운 입자보다 확산하기 쉬우므로 분출구를 나온 후 퍼지기 쉽다. 따라서, 분출구의 연장선 상에 놓여진 흡입구로 들어가는 것은 가벼운 입자에 비해 무거운 입자가 많게 된다.

물론, 6불소화우라늄의 경우 그 질량차는 1%이므로 1회 확산에서는 조금 밖에 농축되지 않지만 확산을 여러 번 반복함으로써 함유량을 최고 90% 정도까지 높일 수가 있다.

더구나 동력용 원자로인 경우에는 경제적 이유에서 천연 우라늄 또는 농축률 3~4%의 저농축 우라늄이 사용되는 경우가 많다.

후기

본 원고를 집필하기 시작하여 제1장을 쓰려고 그 구상을 생각다 못한 작년 10월 막하출혈로 잠깐 사이에 아내를 잃게 되었다. 필자에 있어서는 마치 청천 벽력이었으며 원고 집필도 수개월간 중단한 채였지만 이 고통에서 비교적 빨리 일어서서 집필 활동을 회복한 것도 한편으로 보면 본서를 하루라도 빨리 완성하여 출판사와의 약속을 지키고 싶은 필자의 책임감에서이기도 했다. 그런 의미에서 독자의 이해를 얻어 본서를 죽은 아내에게 보내는 진혼 모뉴먼트로 하고 싶다.

본서에는 필자가 몇 해 전부터 콤비인 가타야마(片山佳樹) 박사의 삽화를 활용했다. 가타야마 박사는 삽화가가 되지 않고 공학 박사(합성 화학)가 된 것처럼 현인도 따라가지 못할 삽화의 명인이다. 본서가 전문가 외의 독자에게 조금이라도 이해하기 쉬운 것이라 하면 이것은 가타야마 박사의 삽화 덕분이며 여기서 다시 한번 감사의 뜻을 표시하고자 한다.

또한, 필자의 상형 문자와 같은 악필의 원고를 워드 프로세서로 정서해 준 비서 혼다(本田眞美), 아울러 마지막으로 본서의 기획에서 출판에 이르기까지 도와주신 고단사 과학도서 출판부 야나기다(柳田和哉) 씨에게 감사를 표하고자 한다.

옮긴이의 말

최근 산업 기술은 각 분야에서 눈부신 발전을 거듭하고 있다. 특히, 기술 혁신과 함께 각광을 받고 있는 첨단 산업 분야는 경제의 발전과 함께 고도의 기술을 필요로 한다.

여기에서, 분리 과학 기술은 각 분야에 걸쳐 기초 응용 학문으로서 그 중요성이 점차로 높아가고 있으며 다방면에 걸쳐 적용 분야가 확대되고 있는 것이 사실이다. 그것은 화학 공업을 비롯해 최근 사회 문제로 심각하게 대두되고 있는 식수나 대기오염 문제와 관련된 환경 공학, 시대적 각광을 받고 있는 생명공학에 이르기까지 우리의 실생활에서 피부로 느낄 수 있다.

역자가 본서를 번역하게 된 동기는 분리 과학의 한 분야를 담당하고 있는 사람으로서 전문성을 띤 학문에서라기 보다는 과학에 관심이 있는 분이라면 누구나가 쉽게 이해할 수 있도록 보다 알기 쉬운 내용이 절실히 필요하였기 때문이었다. 언젠가 전파과학사의 손영일 사장님과 대면할 기회가 있어 이야기를 나누던중 본서를 소개받게 되었는데, 마침 일본 유학 시절에 본서를 탐독한 경험이 있어 대단히 반가운 마음으로 번역하는 일에 몰두할 수 있는 행운을 얻게 되었다.

본인으로서는 그동안 다방면의 전공 서적을 뒤적이며 본문의 내용을 보다 알기 쉽게 표현하려고 노력하였으나 외래어 표기상의 문제에 있어 간혹 어려움을 겪었음을 솔직히 고백하는 바이다.

끝으로, 본서가 번역되어 출판되기까지 여러모로 배려해 주신 전파과학사의 손영길 사장님을 비롯하여 편집자 여러분께 진심으로 감사의 뜻을 전하는 바이다.

1991. 6. 30

연구실에서 옮긴이 조준형

관련도서 소개

이 책을 집필하는 데에 참고로 한 도서, 문헌 중에서 일본에서 출판된 것은 다음과 같습니다(역자 주 : 우리 나라에는 이와 관련된 책이 별로 없으므로 참고삼아 일본책이나마 소개하기로 한다).

『分析化學 第2版』 Pecsok, Shields, Cairns, McWilliam 著 荒木峻, 鈴木繁喬譯 東京化學同人 1980年

『分離膜－基礎에서 應用까지』 仲川勤著 産業圖書 1987年

『無機分離化學』 山邊武郎 技報堂出版 1971년

『新實驗化學講座[1] 基本操作[Ⅰ]』 日本化學會編 丸善 1975年

찾아보기

분리의 과학 **B94**

1991년 9월 15일 초판
1996년 12월 20일 2쇄

옮긴이 조준형
펴낸이 손영일
펴낸곳 전파과학사
서울시 서대문구 연희2동 92-18
TEL. 333-8877·8855
FAX. 334-8092 1956. 7. 23. 등록 제10-89호

공급처 : 한국출판 협동조합
서울시 마포구 신수동 448-6
TEL. 716-5616~9
FAX. 716-2995

• 파본은 구입처에서 교환해 드립니다.
• 정가는 커버에 표시되어 있습니다.

ISBN 89-7044-094-1 03430

BLUE BACKS 한국어판 발간사

블루백스는 창립 70주년의 오랜 전통 아래 양서발간으로 일관하여 세계유수의 대출판사로 자리를 굳힌 일본국·고단샤(講談社)의 과학계몽 시리즈다.

이 시리즈는 읽는이에게 과학적으로 사물을 생각하는 습관과 과학적으로 사물을 관찰하는 안목을 길러 일진월보하는 과학에 대한 더 높은 지식과 더 깊은 이해를 더 하려는 데 목표를 두고 있다. 그러기 위해 과학이란 어렵다는 선입감을 깨뜨릴 수 있게 참신한 구성, 알기 쉬운 표현, 최신의 자료로 저명한 권위학자, 전문가들이 대거 참여하고 있다. 이것이 이 시리즈의 특색이다.

오늘날 우리나라는 일반대중이 과학과 친숙할 수 있는 가장 첩경인 과학도서에 있어서 심한 불모현상을 빚고 있다는 냉엄한 사실을 부정 할 수 없다. 과학이 인류공동의 보다 알찬 생존을 위한 공동추구체라는 것을 부정할 수 없다면, 우리의 생존과 번영을 위해서도 이것을 등한히 할 수 없다. 그러기 위해서는 일반대중이 갖는 과학지식의 공백을 메워 나가는 일이 우선 급선무이다. 이 BLUE BACKS 한국어판 발간의 의의와 필연성이 여기에 있다. 또 이 시도가 단순한 지식의 도입에만 목적이 있는 것이 아니라, 우리나라의 학자·전문가들도 일반대중을 과학과 더 가까이 하게 할 수 있는 과학물저작활동에 있어 더 깊은 관심과 적극적인 활동이 있어주었으면 하는 것이 간절한 소망이다.

1978년 9월

발행인 孫 永 壽

도서목록

BLUE BACKS

① 광합성의 세계
② 원자핵의 세계
③ 맥스웰의 도깨비
④ 원소란 무엇인가
⑤ 4차원의 세계
⑥ 우주란 무엇인가
⑦ 지구란 무엇인가
⑧ 새로운 생물학
⑨ 마이컴의 제작법(절판)
⑩ 과학사의 새로운 관점
⑪ 생명의 물리학
⑫ 인류가 나타난 날 I
⑬ 인류가 나타난 날II
⑭ 잠이란 무엇인가
⑮ 양자역학의 세계
⑯ 생명합성에의 길
⑰ 상대론적 우주론
⑱ 신체의 소사전
⑲ 생명의 탄생
⑳ 인간영양학(절판)
㉑ 식물의 병(절판)
㉒ 물성물리학의 세계
㉓ 물리학의 재발견〈상〉
㉔ 생명을 만드는 물질
㉕ 물이란 무엇인가
㉖ 촉매란 무엇인가
㉗ 기계의 재발견
㉘ 공간학에의 초대
㉙ 행성과 생명
㉚ 구급의학 입문(절판)
㉛ 물리학의 재발견〈하〉
㉜ 열번째 행성
㉝ 수의 장난감상자
㉞ 전파기술에의 초대
㉟ 유전독물
㊱ 인터페론이란 무엇인가
㊲ 쿼 크
㊳ 전파기술입문
㊴ 유전자에 관한 50가지 기초지식
㊵ 4차원 문답
㊶ 과학적 트레이닝(절판)
㊷ 소립자론의 세계
㊸ 쉬운 역학 교실
㊹ 전자기파란 무엇인가
㊺ 초광속입자 타키온
㊻ 파인 세라믹스
㊼ 아인슈타인의 생애
㊽ 식물의 섹스
㊾ 바이오테크놀러지
㊿ 새로운 화학
51 나는 전자이다
52 분자생물학 입문
53 유전자가 말하는 생명의 모습
54 분체의 과학
55 섹스 사이언스
56 교실에서 못배우는 식물이야기
57 화학이 좋아지는 책
58 유기화학이 좋아지는 책
59 노화는 왜 일어나는가
60 리더십의 과학(절판)
61 DNA학 입문
62 아몰퍼스
63 안테나의 과학
64 방정식의 이해와 해법
65 단백질이란 무엇인가
66 자석의 ABC
67 물리학의 ABC
68 천체관측 가이드
69 노벨상으로 말하는 20세기 물리학
70 지능이란 무엇인가
71 과학자와 기독교
72 알기 쉬운 양자론
73 전자기학의 ABC
74 세포의 사회
75 산수 100가지 난문·기문
76 반물질의 세계
77 생체막이란 무엇인가
78 빛으로 말하는 현대물리학
79 소사전·미생물의 수첩
80 새로운 유기화학
81 중성자 물리의 세계
82 초고진공이 여는 세계
83 프랑스 혁명과 수학자들
84 초전도란 무엇인가
85 괴담의 과학
86 전파란 위험하지 않은가
87 과학자는 왜 선취권을 노리는가?
88 플라스마의 세계
89 머리가 좋아지는 영양학
90 수학 질문 상자

도서목록

BLUE BACKS

91 컴퓨터 그래픽의 세계
92 퍼스컴 통계학 입문
93 OS/2로의 초대
94 분리의 과학
95 바다 야채
96 잃어버린 세계·과학의 여행
97 식물 바이오 테크놀러지
98 새로운 양자생물학
99 꿈의 신소재·기능성 고분자
100 바이오테크놀러지 용어사전
101 Quick C 첫걸음
102 지식공학 입문
103 퍼스컴으로 즐기는 수학
104 PC통신 입문
105 RNA 이야기
106 인공지능의 ABC
107 진화론이 변하고 있다
108 지구의 수호신·성층권 오존
109 MS-Windows란 무엇인가
110 오답으로부터 배운다
111 PC C언어 입문
112 시간의 불가사의
113 뇌사란 무엇인가?
114 세라믹 센서
115 PC LAN은 무엇인가?
116 생물물리의 최전선
117 사람은 방사선에 왜 약한가?
118 신기한 화학매직
119 모터를 알기쉽게 배운다
120 상대론의 ABC
121 수학기피증의 진찰실
122 방사능을 생각한다
123 조리요령의 과학
124 앞을 내다보는 통계학
125 원주율 π의 불가사의
126 마취의 과학
127 양자우주를 엿보다
128 카오스와 프랙털
129 뇌 100가지 새로운 지식
130 만화수학소사전
131 화학사 상식을 다시보다
132 17억 년 전의 원자로
133 다리의 모든 것
134 식물의 생명상
135 수학·아직 이러한 것을 모른다
136 우리 주변의 화학물질
137 교실에서 가르쳐주지 않는 지구이야기
138 죽음을 초월하는 마음의 과학
139 화학재치문답
140 공룡은 어떤 생물이었나
141 시세를 연구한다
142 스트레스와 면역
143 나는 효소이다
144 이기적인 유전자란 무엇인가
145 인재는 불량사원에서 찾아라
146 기능성 식품의 경이
147 바이오 식품의 경이
148 몸속의 원소여행
149 궁극의 가속기 SSC와 21세기 물리학
150 지구환경의 참과 거짓
151 중성미자 천문학
152 제2의 지구란 있는가
153 아이는 이처럼 지쳐 있다
154 중국의학에서 본 병아닌 병
155 화학이 만드는 놀라운 기능재료
156 수학 퍼즐 랜드
157 PC로 도전하는 원주율
158 사막의 낙타는 왜 태양을 향하는가
159 PC로 즐기는 물리 시뮬레이션
160 대인관계의 심리학
161 화학반응은 왜 일어나는가
162 한방의 과학
163 초능력과 기의 수수께끼에 도전한다
164 과학·재미있는 질문 상자
165 컴퓨터 바이러스
166 산수 100가지 난문·기문 3
167 속산 100의 테크닉
168 에너지로 말하는 현대 물리학
169 전철 안에서도 할 수 있는 정보처리
170 슈퍼 파워 효소의 경이
171 화학오답집
172 태양전지를 익숙하게 다룬다
173 무리수의 불가사의
174 과일의 박물학
175 응용초전도
176 무한의 불가사의
177 전기란 무엇인가
178 0의 불가사의
179 솔리톤이란 무엇인가?
180 여자의 뇌·남자의 뇌
181 심장병을 예방하자

도서목록

청소년 과학도서

위대한 발명·발견

바다의 세계 시리즈

바다의 세계 [1]~[5]

현대과학신서

A1 일반상대론의 물리적 기초
A2 아인슈타인 I
A3 아인슈타인 II
A4 미지의 세계로의 여행
A5 천재의 정신병리
A6 자석 이야기
A7 러더퍼드와 원자의 본질
A9 중력
A10 중국과학의 사상
A11 재미있는 물리실험
A12 물리학이란 무엇인가
A13 불교와 자연과학
A14 대륙은 움직인다
A15 대륙은 살아있다
A16 창조 공학
A17 분자생물학 입문 I
A18 물
A19 재미있는 물리학 I
A20 재미있는 물리학 II
A21 우리가 처음은 아니다
A22 바이러스의 세계
A23 탐구학습 과학실험
A24 과학사의 뒷애기 I
A25 과학사의 뒷애기 II
A26 과학사의 뒷애기 III
A27 과학사의 뒷애기 IV
A28 공간의 역사
A29 물리학을 뒤흔든 30년
A30 별의 물리
A31 신소재 혁명
A32 현대과학의 기독교적 이해
A33 서양과학사
A34 생명의 뿌리
A35 물리학사
A36 자기개발법
A37 양자전자공학
A38 과학 재능의 교육
A39 마찰 이야기
A40 지질학. 지구사 그리고 인류
A41 레이저 이야기
A42 생명의 기원
A43 공기의 탐구
A44 바이오 센서
A45 동물의 사회행동
A46 아이적 뉴턴
A48 레이저와 홀러그러피
A49 처음 3분간
A50 종교와 과학
A51 물리철학
A52 화학과 범죄
A54 생명이란 무엇인가
A55 양자역학의 세계상
A56 일본인과 근대과학
A57 호르몬
A58 생활속의 화학
A60 우리가 먹는 화학물질
A61 물리법칙의 특성
A62 진화
A63 아시모프의 천문학입문
A64 잃어버린 장
A65 별·은하·우주
A8 이중나선(절판)
A47 생물학사(절판)
A53 수학의 약점(절판)
A59 셈과 사람과 컴퓨터(절판)

도서목록

BLUE BACKS